KB051303

스토리텔링 청소년
독도 교과서

2판

스토리텔링 청소년

독도 교과서

이두현 지음

경기도책공작소독도기반교육연구회 감수

전국사회과교과연구회 추천

독도의 모든 이야기를 가장 쉽고 재미있게 들려주는

대한민국 독도 교양서

푸른길

머리말

"독도는 섬이 하나 아닌가요? 두 개라는 사실은 처음 알았어요."

"김정호가 그린 대동여지도에 독도가 있잖아요? 아닌가요?"

이 말들은 제가 독도 강연을 할 때 청소년들에게 자주 들었던 말입니다. 그럴 때마다 마음속으로 '독도를 제대로 알려야겠다!'라는 다짐을 해 왔습니다. 그러던 중 '독도는 우리 땅'이라는 노랫말이 지금의 상황에 맞게 새롭게 바뀌게 되었다는 반가운 소식을 접하게 되었습니다.

'뱃길 따라 이백 리'를 '뱃길 따라 87K(케이)'로 구체적인 거리를 기록했고, '남면 도동 일 번지'는 '울릉읍 독도리'라고 새로 변경된 행정 주소를 반영했습니다. 또한 '평균 기온 12도'는 '평균 기온 13도'로, '강수량은 1300'을 '강수량은 1800'으로 최신 연도의 기후 자료를 반영했고, '대구 명태 거북이'를 '대구 홍합 따개비'로 최근 많이 잡히는 실질적인 독도의 해산물로, '연어알 물새알'은 '주민등록 최종덕'으로 독도 최초 거주자를 기록했습니다.

이 노래의 원작자와 가수는 이처럼 노랫말 내용들을 바꾸면서 독도 홍보 대사로 독도를 제대로 알리기 위해 노력하고 있습니다. 하지만, 자세히 들어 보면 바뀐 노랫말의 일부에도 문제가 있습니다. 독도 영유권 문제를 야기시키고자 하는 일본의 입장에서 볼 때, 우리나라가 독도의 역사, 지리, 환경 등 여러

가지 부분에 대해 정확히 알지 못한다면 이보다 더 좋은 상황은 없을 것입니다. 우리 입장에서는 독도의 작은 부분이라도 정확히 조사하여 올바른 정보를 제공하는 것이 국제법상 우리나라의 실효적 지배를 명확히 할 수 있는 가장 기본적인 활동입니다.

교육부에서는 청소년들에게 우리 땅 독도를 제대로 알리기 위해 이번 개정 교육과정이 만들어지기 이전부터 초등 및 중등교육 현장에서 연간 10시간 이상 독도 교육을 진행하도록 하였습니다. 국가적인 차원에서도 독도에 대한 관심이 날로 높아지고 있는 상황입니다. 하지만, 지금까지 우리 청소년들이 독도에 대해 스스로 읽고 공부할 수 있는 책들은 많지 않았습니다. 기존에 출간된 도서들도 있었지만, 최근 자료가 반영되지 못했거나 역사나 국제법 등 한 분야에 치우친 전문서 위주였습니다. 독도는 역사, 지형·지질, 생태 환경, 자원, 경제, 분쟁, 법, 과학, 기술, 예술 등의 모든 분야가 연관되어 있어 교육의 방법은 통합교육과 융합교육(STEAM)이어야 합니다. 더불어 미래 세대의 필요를 충족시킬 수 있는 지속가능발전교육(ESD)이어야 합니다.

이에, 필자는 외형적인 모습만을 강조하여 한 분야에 치우쳐 기술했던 기존의 전문서 위주의 수준에서 벗어나, 독도와 관련된 다양한 분야를 모두 통합하고 융합하여 청소년들이 독도에 대해 흥미를 가지고 스스로 이해하며 호기심을 유발하며 다가갈 수 있도록 하였습니다. 또 각 분야의 내용을 체계적으로 구성하여 교육 활용도를 높이는 동시에, 일반 독자들의 관심도 함께 이끌어 내고 이해시키는 데 목적을 두었습니다.

이 책의 특징은 다음과 같습니다.

첫째, 청소년들이 독도에 호기심을 가지고 자신이 직접 경험하는 듯한 느낌이 들 수 있도록 스토리텔링 기법을 활용하여 기술하였습니다. 이를 통해 청소년들의 흥미를 이끌어 내고, 지식을 배우고 다양한 상상을 해 볼 수 있도록 구성하였습니다.

둘째, 집필하는 과정에서는 각 분야별로 가장 적절한 전개 방식을 유지하도록 하였습니다. 사진과 정확한 데이터를 바탕으로 한 그래프 등의 이미지 자료를 활용하여 내용을 기술하고, 이론적 배경이 어려운 부분은 청소년들이 쉽게 이해할 수 있도록 구성하였습니다.

셋째, 역사와 법 등 단순히 독도의 전문적 지식을 경험하는 수준에서 벗어나 다양한 분야의 문제 상황에서도 비판적으로 사고하고, 문제를 탐구하고 해결해 나가면서 융합적으로 사고하며 창의력을 기를 수 있도록 다양한 상황을

제시하였습니다.

마지막으로, 독도 교육과의 연계와 독도 현장 체험 활동을 위해 울릉도 관련 자료를 함께 소개하였습니다. 최대한 사실적인 내용을 담으면서도 청소년들이 직접 체험하는 듯한 느낌을 받을 수 있도록 기술하였습니다. 또 이 도서를 활용해서 자신이 스스로 독도 체험 활동을 설계해 볼 수 있도록 구성하였습니다.

따라서 독도 교과서라는 이름을 가지고 있지만, 이 책을 읽는 청소년들은 딱딱한 교과서를 읽는 것이 아니라 쉽게 읽어 내려갈 수 있는 여행서와 같은 만족감을 느낄 수 있을 것입니다. 왜냐하면, 독도 체험 활동을 연장선상에 놓고 기술하는 데 많은 신경을 썼기 때문입니다.

이 책을 활용할 때 다음과 같은 효과가 있을 것으로 기대합니다.

첫째, 우리 땅 독도의 소중함을 깨닫게 됩니다. 무엇보다 영토 교육은 영토의 존재 이유, 변화 과정, 가치 등을 통해 영토의 중요성을 배우게 됩니다. 청소년들은 이 책을 읽으며 독도의 자연환경과 인문환경의 국토 공간을 살펴보면서 올바른 국토관을 형성시켜 나가게 됩니다.

둘째, 다양한 지식을 융합하는 능력을 함양하여 창의성을 키워 나갈 수 있습니다. 우리 땅 독도에 대해 관심을 가지고 독도가 다양한 분야와 연관되어 있다는 사실을 깨닫게 될 것입니다. 이를 통해 독도와 관련된 문제를 해결하는 데 다양한 학문을 융합하는 방법을 파악할 수 있게 되고, 이를 통해 창의력과 문제해결력을 키워 갈 수 있습니다.

셋째, 독도 영유권을 주장하는 일본의 영토 침략 야욕을 정확한 근거에 의해 비판할 수 있는 능력을 키워 나갈 수 있습니다. 단순히 '독도는 우리 땅'이라는 말보다는 그 주장의 근거를 스스로 만들어 나갈 수 있으며, 이를 통해 한층 더 성숙한 민주 시민으로서의 자질을 함양해 나갈 수 있습니다.

이 책은 필자가 10여 년 동안 독도에 대해 연구해 놓은 자료를 바탕으로 시작했기에 쉽게 쓰일 것이라고 생각했습니다. 하지만, 우리 땅을 제대로 알려야 한다는 부담감이 저를 괴롭혔습니다. 책을 써 놓고도 마음에 들지 않아 5년이라는 긴 시간 동안 수십 차례에 걸쳐 수정 작업을 해 왔습니다. 출간 작업에 들어가서도 1년이 넘는 시간 동안 여러 차례의 재수정을 거쳤습니다. 독도 사진도 마음에 들지 않는 경우가 많아, 기회가 될 때마다 독도와 울릉도를 방문해 학생들이 보기에 최대한 좋은 이미지를 담아내고자 노력했습니다.

청소년들뿐만 아니라 일반 독자들도 호기심을 가지고 쉽게 읽어 내려갈 수 있도록 그 눈높이를 맞추었습니다. 따라서 이 책은 대한민국 국민들의 독도 교과서이자 독도학 개론서라고 할 수 있습니다. 한 장 한 장 넘겨 가면서, 흥미롭고 신비로운 이야기들로 가득 찬 이 책이 주는 즐거움을 만끽할 수 있으며, 독도의 소중한 가치를 깨달을 수 있습니다.

무엇보다 어려운 과정 속에서 이 도서를 집필하고 출판하는 데 함께 연구해 주신 여러 선생님들과 검토와 감수를 마다하지 않으시고 도와주신 전국사회과교과연구회 및 창의융합체험활동연구회, 그리고 어려운 출판 시장 속에서도 흔쾌히 이 원고를 받아 주시고, 출판되기까지 검토하고 수정하며 하나하나에 정성을 다해 주신 (주)푸른길 출판사의 김선기 대표와 이선주 편집자께 감사한 마음을 전합니다.

저자 **이두현**

차례

| 제3장 | 독도의 기후와 지형

| 제4장 | 독도의 생물과 자원

| 제5장 | 독도를 담은 역사서와 지리서

| 제6장 | 일본도 알고 있는 우리 땅 독도

| 제7장 | 독도를 지킨 사람들

| 제8장 | 우리 땅은 어디까지일까요?

| 제9장 | 국제사법재판소에서 다룬 영유권 분쟁 판결 결과

| 제10장 | 독도 알림이와 독도 지킴이

부록

"울릉도와 독도는 본래 우리의 경지인데,
왜인이 어찌 감히 월경하여 침범하는가!"

•

안용복

제1장

독도의 위치와 영역

우리 땅 독도 가는 길

7월, 여름 방학이 시작되어 우리나라 동쪽의 끝이자 우리나라 영토가 시작되는 곳, 우리 땅 독도로 학생들과 함께 여행을 떠났습니다. 울릉도를 포함해서 2박 3일간의 일정을 세워 떠난 여행은 태풍 때문에 일주일로 기간이 늘어났습니다. 속절없이 울릉도에 머물게 된 학생들은 오히려 독도와 함께 울릉도의 본모습을 알 수 있게 되었습니다.

태풍을 경험하였기에 독도는 선택받은 자들만이 볼 수 있는 섬이라는 이야

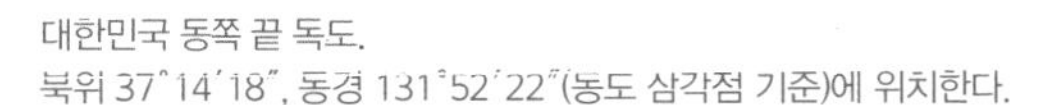
대한민국 동쪽 끝 독도.
북위 37˚14´18˝, 동경 131˚52´22˝(동도 삼각점 기준)에 위치한다.

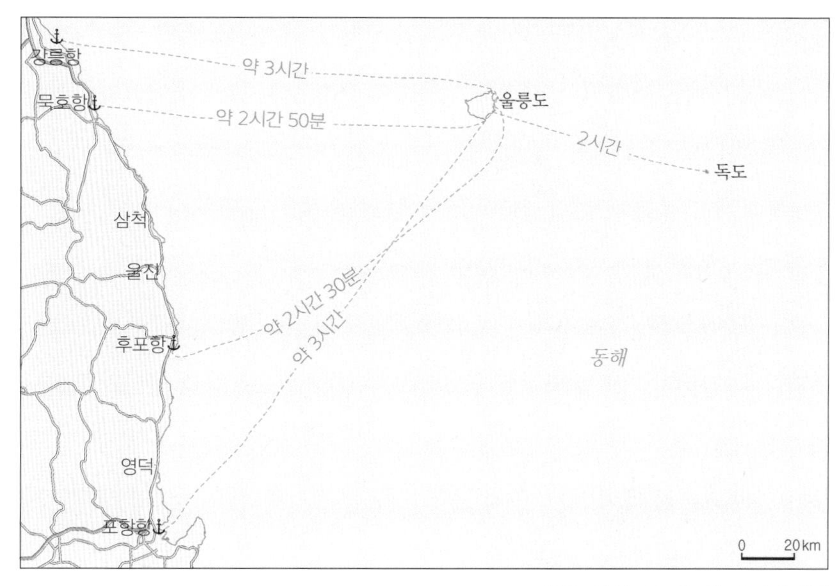

울릉도와 독도로 가는 경로와 소요 시간.
양양, 삼척, 영덕에도 뱃길이 조성될 예정이다.
2025년 울릉도 공항이 완공되면 하늘길도 새롭게 열리게 된다.

기에 고개를 더 끄덕이게 됩니다. 독도로 여행을 떠났지만 독도를 보지도 못하고 그냥 돌아오는 경우도 많다고 합니다. 독도는 항상 문을 열어 놓고 우리를 기다리지만 그 앞에 놓인 동해 바다는 만만치 않습니다. 어느 때는 거센 파도가, 어느 때는 폭풍우가 길을 막습니다. 또 바다가 잔잔한 날에는 생각지도 못했던 군사 훈련으로 인해서 길이 막히기도 합니다. 어쩌면 독도는 욕심이 없는 사람들만이 들어갈 수 있는 고귀한 섬인지도 모릅니다.

독도로 가는 경로는 크게 네 가지가 있습니다. 공통점은 배를 타고 울릉도를 꼭 거쳐 간다는 것입니다. 서울과 경기 등 수도권 지역에서는 주로 강릉항과 묵호항을 이용하고, 부산과 대구 등 중남부 지역에서는 비교적 가까운 포항항과 울진 후포항을 이용하는 경우가 많습니다. 어느 지역의 항에서 출발하든 울릉도까지 2시간 30분~3시간 정도면 도착합니다. 수도권에 사는 우리는 묵호항에서 배를 탔습니다. 울릉도 도동항에 도착한 후 잠시 정박했다가 동해의 너른 바다로 나갑니다.

울릉도에서 배를 탄 지 1시간이 조금 넘었습니다. 배 안에서 '독도 지킴이' 옷을 입은 아이들의 노랫소리가 들립니다.

오랜 역사가 증명하듯 독도는 우리 땅이었고, 지금도 명백한 우리나라의 영토입니다. 일본이 독도를 자기네 영토라고 우기는 태도에 우리 국민들은 국토에 대한 주인 인식과 사랑하는 마음이 더 높아지고 깊어졌습니다. 노랫소리에 다들 신이 나는지 아이 어른 할 것 없이 함께 따라 부릅니다. 독도로 향하는 배 안에서부터 방문객들을 한데 모아 주고 즐겁게 해 주는 독도는 마력을 지닌

독도 선착장

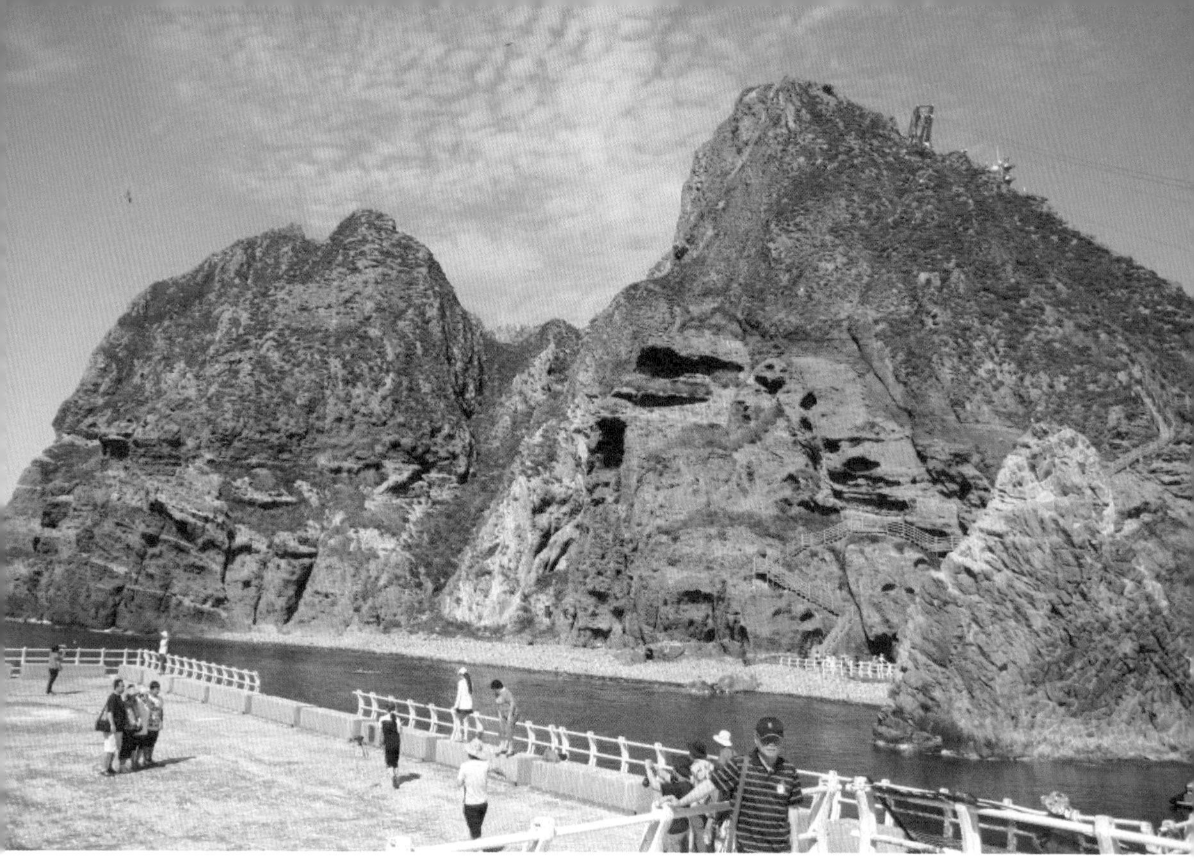

독도의 방문객들.
독도의 경이로운 모습을 조금이라도 놓칠세라 카메라 셔터를 연신 눌러 댄다.

섬입니다. 저 멀리 독도가 보이자마자 방문객들은 웅성거리기 시작합니다.

"우아, 독도다!"

"저곳이 독도야! 섬이 하나인 줄 알았는데 두 개네."

"동도랑 서도인데, 크구나!"

울릉도를 출발한 지 2시간이 채 되지 않아 독도의 모습이 눈앞에 나타납니다. 학생들은 마치 외국 여행이라도 온 것처럼 들뜬 표정으로 독도를 바라봅니다. 조금이라도 더 보고 싶어서 어쩔 줄 몰라 하는 학생들의 표정은 첫사랑의 설렘이 가득 담긴 모습입니다. 첫사랑은 짧지만 평생 잊히지 않는다고 하죠? 독도에 머무를 수 있는 시간은 단 30분으로, 첫사랑보다도 더 애틋합니다.

드디어 배가 선착장에 닿았습니다. 독도를 관람할 수 있는 시간도 체험할 수 있는 공간도 한정되어 있어 방문객들의 마음은 바빠집니다. 자! 드디어 배의 문이 열리고 독도에 내립니다. 방문객들은 독도의 경이로운 모습에 감탄사를 쏟아 냅니다.

"독도가 이렇게 멋진 줄 몰랐는데…."

"우리 땅 독도다!"

"독도가 이렇게 큰 줄 몰랐어!"

대부분의 사람들은 영상이나 사진에서 봤던 작은 모습만을 그리다가 독도의 모습을 직접 보고는 생각보다 큰 규모와 경이로운 모습에 감탄합니다. 그리고 너나 할 것 없이 짧은 시간 안에 독도의 모든 것을 담아내려고 연신 카메라 셔터를 눌러 댑니다. 이곳이 바로 우리나라 동쪽의 첫 시작을 여는 곳, 독도입니다. 총면적 187,554m²에 달하는 섬으로 '독도 천연 보호 구역'으로 지정되어 있습니다.

독도 천연 보호 구역

독도는 동해안을 날아드는 철새들이 이동하는 길목에 위치하고 있어, 슴새, 바다제비, 괭이갈매기 등의 서식지를 이루어 이미 오래전인 1982년에 천연기념물 제336호로서 '독도 해조류(바닷새 무리) 번식지'로 지정되었습니다. 이후 1999년에 문화재청은 독도의 지형 및 지질학적 가치와 육상 및 해양의 각종 동식물이 우리나라의 다른 지역과는 달라 특수성을 가지고 있다는 점에서 독도를 '독도 천연 보호 구역'으로 재조정하였습니다. 한편 환경부는 멸종 위기의 동식물이 서식하거나, 지형 경관이 우수한 도서를 대상으로 선정하는 '특정 도서'로서 독도를 선정하여 독도의 동식물을 보호하고, 높은 경관적 가치가 있다고 판단하여 관리하고 있습니다.

동쪽의 끝이자 시작인 독도

우리나라 지도상에서 동해 바다 한가운데 자리 잡고 있는 독도의 주소는 경상북도 울릉군 울릉읍 독도리 1-96번지입니다. 독도의 동도와 서도에는 각각 하나씩 두 개의 길이 있습니다. 서도의 길은 '안용복길'이고, 동도의 길은 '이사부길'입니다.

독도는 위치로만 봐도 우리 영토임에 틀림없습니다. 위치는 일정한 곳에 자리를 차지하는 것 또는 그 자리를 의미하는 데, 크게 수리적 위치, 지리적 위치, 관계적 위치 등 세 가지로 표현할 수 있습니다. 잠시 우리 교실을 생각해

독도와 주변 지역 간 거리.
독도는 울릉도에서 약 87.4km 떨어져 있고, 일본의 오키섬에서 약 157.5km 떨어져 있다.

보세요. 누군가 한 학생의 자리가 어디인지를 묻는다면 여러분은 어떻게 대답할 건가요?

“첫 번째 분단, 네 번째 줄에서 오른쪽 자리입니다.”

“남향으로 햇볕이 가장 잘 드는 창가의 벽시계 아래입니다.”

“회장 자리 뒤, 부회장 자리 앞, 제 옆자리입니다.”

아마도 대부분 이 세 가지 방법으로 대답을 할 것입니다. 첫 번째 대답과 같은 위치 표현 방법을 수리적 위치라고 하고, 두 번째와 세 번째 대답과 같은 표현 방법을 각각 지리적 위치, 관계적 위치라고 합니다.

자! 그렇다면 독도의 위치는 어떻게 표현할 수 있을까요?

첫 번째, 수리적 위치는 우리가 즐겨 부르는 노래 ‘독도는 우리 땅’에 그 답이 있습니다. 바로 ‘동경 132, 북위 37’이라는 이 노랫말의 숫자는 위도와 경도를 알려 줍니다. 이것은 수치로 위치를 표현하는 수리적 위치의 개념입니다. 동도 삼각점 기준으로 보면 북위 37°14′18″, 동경 131°52′22″입니다.

두 번째, 지리적 위치는 육지와 해양과의 관계로 파악할 수 있습니다. 독도는 동해 한가운데 위치하여 한반도에 비해 상대적으로 대륙의 영향보다는 해양의 영향을 많이 받아 연중 온화한 해양성 기후가 나타납니다.

세 번째, 관계적 위치는 주변 지역이나 국가들과의 관계로 설명할 수 있습니다. 먼저, 국가로는 우리나라와 일본 사이에 위치하고 있는 섬입니다. 수리적 위치와 함께 보면 독도는 울릉도에서 87.4km가 떨어져 있고, 일본의 오키섬에서 157.5km가 떨어져 있습니다. 즉, 지정학적으로 울릉도의 영향을 받았다고 할 수 있습니다. 맑은 날에는 울릉도에서 독도가 보일 정도로 가까워서 독도 전망대를 마련하기도 하였으며, 오래전부터 울릉도와 깊은 관계가 지속되어 왔습니다.

독도의 현황은?

독도는 동도와 서도 2개의 큰 섬과 그 주변에 있는 89개의 부속 도서로 이루어져 있습니다. 총면적은 187,554m^{2}이고, 동도 73,297m^2, 서도 88,740m^2, 부속 도서 25,517m^{2}입니다. 동도와 서도 간 최단 거리는 저조시를 기준으로 151m 정도 됩니다.

서도는 독도에서 가장 규모가 큰 섬으로 둘레가 2.6km입니다. 해발 고도가

독도는 동도와 서도, 그리고 89개의 부속 도서로 이루어져 있다.

가장 높은 곳은 대한봉으로 168.5m에 달하고, 봉우리가 뾰족한 원뿔 모양을 하고 있습니다. 서도는 전체적으로 사면의 경사가 급한 절벽으로 이루어져 있어서 평지가 거의 없습니다. 해안가에 독도의 주민 숙소 하나가 자리 잡고 있습니다.

동도는 둘레 2.8km, 면적 73,297m^{2}로 서도 다음으로 큰 섬입니다. 동도의 최고봉인 우산봉은 해발 고도 98.6m로, 서도의 북쪽 끝 부분에 있는 탕건봉(97.8m)보다 1m 정도 더 높습니다. 동도는 대부분 화산암으로 이루어져 있지만 부분적으로 지표에 토양이 형성되어 있어 서도보다 다양한 식물들을 볼 수 있습니다. 높이 솟은 서도에 비해 전체적인 규모는 작지만 경사가 완만하여 평평한 곳들이 있습니다. 동도에는 선착장과 등대를 비롯하여 독도 경비대와 숙소가 자리 잡고 있습니다.

독도의 89개 부속 도서는 섬이라고 하기에는 작은 크기이지만 저마다 이름을 가지고 있으며, 이름에는 의미가 담겨 있습니다. 주요 부속 도서에는 서도의 북쪽에 자리 잡은 큰가제바위와 작은가제바위를 비롯하여 김바위, 지네바위, 군함바위, 넙덕바위, 보찰바위, 코끼리바위, 삼형제굴바위, 미역바위, 촛대바위, 닭바위가 있으며, 동도 북쪽의 한반도바위, 동쪽의 물오리바위, 독립문바위, 남쪽의 얼굴바위, 춧발바위, 부채바위, 숫돌바위 등이 있습니다. 부속 도서 외에도 주요 지형으로 서도의 물골과 탕건봉, 동도 중앙의 천장굴 등이 있습니다.

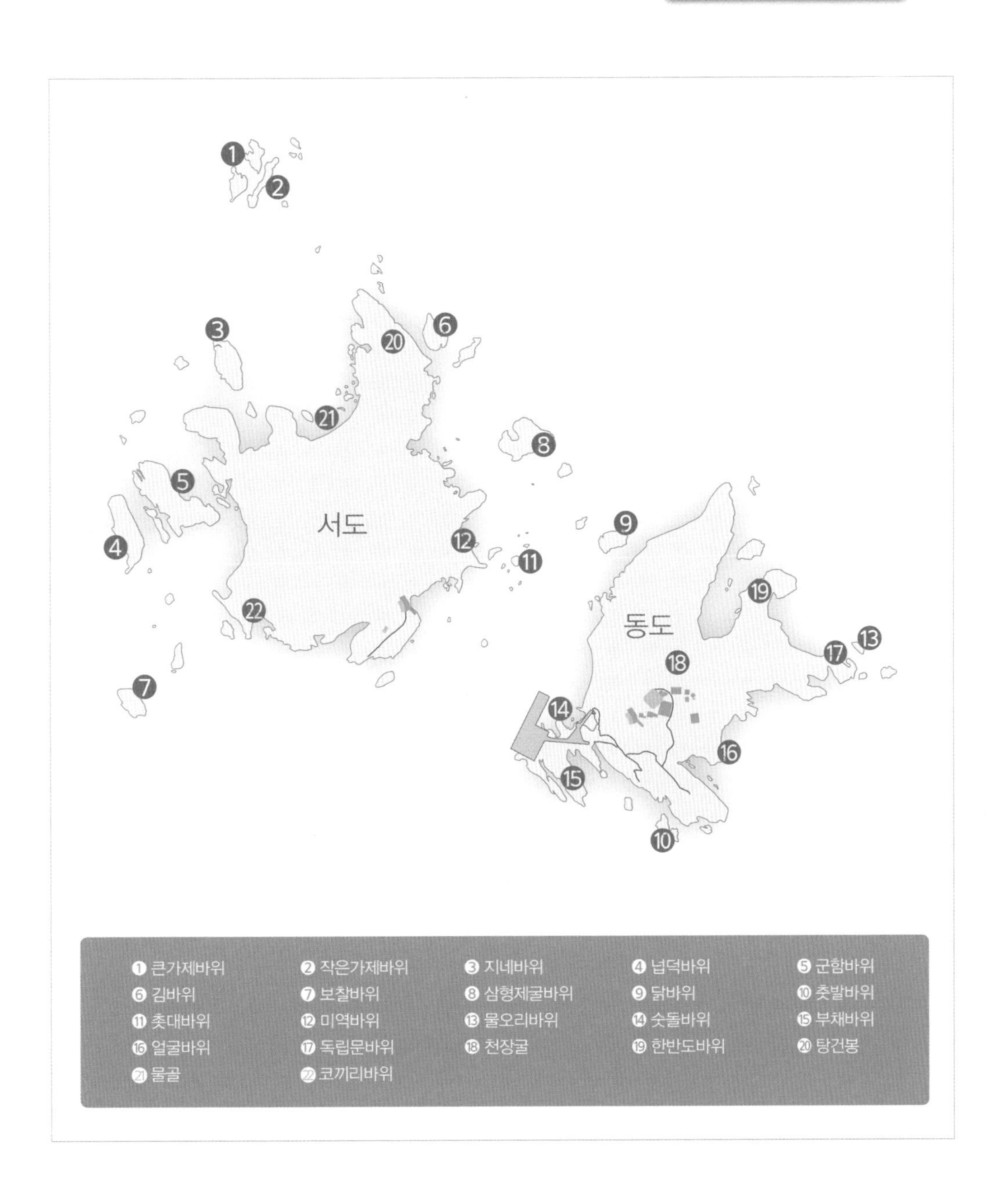
서도
동도
❶ 큰가제바위
❷ 작은가제바위
❸ 지네바위
❹ 넙덕바위
❺ 군함바위
❻ 김바위
❼ 보찰바위
❽ 삼형제굴바위
❾ 닭바위
❿ 츳발바위
⓫ 촛대바위
⓬ 미역바위
⓭ 물오리바위
⓮ 숫돌바위
⓯ 부채바위
⓰ 얼굴바위
⓱ 독립문바위
⓲ 천장굴
⓳ 한반도바위
⓴ 탕건봉
㉑ 물골
㉒ 코끼리바위

우리나라의 4극

우리나라 영토의 동서남북 각각의 끝은 어디일까요? 이미 일본의 영유권 주장으로 인해 갈등이 깊어지면서 우리나라 동쪽 끝이 독도라는 사실은 전 국민이 다 알고 있습니다. 경상북도 울릉군 울릉읍, 동경 131°52′21″에 위치하고 있는 독도는 동쪽 영토의 첫 시작으로, 우리나라에서 해가 가장 먼저 뜨고 가장 먼저 지는 곳입니다. 서쪽 끝은 평안북도 용천군 신도면 마안도로 동경 124°11′04″에 위치하고 있습니다.

남쪽 끝은 북위 33°06′43″에 위치하고 있는 제주특별자치도 서귀포시 대정읍의 마라도입니다. 마라도보다 더 남쪽에 있는 이어도는 수중 암초로 영토로 인정하지 않고 있습니다. 북쪽 끝은 백두산이 아니라 북위 43°00′42″에 위치한 함경북도 온성군 유포면 풍서동 유원진입니다. 극서인 마안도와 극북인 유원진은 남북 분단으로 인해 우리에게는 조금 생소합니다. 아시아 대륙의 동쪽에 위치하고 있으며, 중위도 온대 기후에 속합니다. 우리나라를 통과하는 경위도 중 중앙 위선은 북위 38°로 거의 휴전선과 일치하고, 중앙 경선은 동경 127°30′으로 함흥, 원산, 대전, 순천 지역을 통과하고 있어 표준시 자오선에 해당되지만, 일광, 세계 시차 등을 고려하여 동경 135°선(일본의 아카시 통과선)을 표준으로 사용하고 있습니다. 따라서 우리나라 표준시는 세계 표준시인 영국의 그리니치(G.M.T.)보다 9시간 빠릅니다.

제2장

독도의 형성 과정

독도의 거대한 위용을 느껴 봐!

1912년 4월 14일, 당대 꿈의 배라고 불렸던 타이태닉호는 빙하에 부딪혀 북대서양의 차가운 바닷물 속으로 침몰하게 됩니다. 이 사건은 영화 '타이타닉'을 통해서도 잘 알려진 사실입니다. 큰 배가 작은 빙하에 부딪혀 침몰한다는 것을 이해하기는 어렵지만, 빙하의 크기는 눈에 보이는 것과 다릅니다. 우리가 볼 수 있는 부분은 아주 작은 부분에 불과한 것이지요.

사람들이 통상적으로 빙하라고 부르는 것은 사실 빙산이라고 하는 것이 맞습니다. 대부분의 빙하는 비중이 약 0.9 정도인데요, 이 때문에 빙산의 약 80% 이상은 바닷속에 숨겨져 있는 셈입니다.

갑자기 빙하 이야기를 꺼낸 이유는 무엇일까요? 독도가 빙하처럼 바닷물 위에 떠 있는 것은 아니지만 많은 부분을 바다에 숨기고 있기 때문입니다. 바닷속의 독도는 어떻게 생겼는지 살펴볼까요?

겉으로 보이는 빙하(빙산)는 일부에 불과하다.

우리가 독도라고 부르는 것은 바닷속에 서 있는 거대한 산의 봉우리 형태로 솟은 부분입니다. 울릉도와 독도 사이의 해수면 높이가 약 2000m나 된다는 것을 본다면 그 위용이 얼마나 대단한지 실감할 수 있습니다. 어릴 적 동물원에서 부모님의 목말을 타고 우리 안의 동물들을 본 기억이 있나요? 바닷속에 잠겨 있는 독도의 아랫부분은 목말을 태워 주는 부모님의 모습처럼 거대한 자태를 자랑합니다.

바닷속으로 들어가면 독도 주변에 독도보다 작은 산들이 바닷물에 숨겨져 있었다는 것도 알 수 있습니다. 안타깝게도 해수면 위로 나오지는 못했지만 높이를 재면 2000m 가까이 되는 거대한 산들도 있습니다.

화산 활동으로 만들어진 원뿔 모양의 해저 지형으로 높이가 1000m 이상, 기울기가 20~25° 정도의 가파르고 고립적으로 솟아 있는 바닷속의 산을 해산이라고 부릅니다. 뾰족한 모양의 해산도 있지만 대부분 오랫동안 정상부가 파랑에 깎여서 평평하답니다. 독도 주변의 해산에는 1906년에 '독도'라는 이름을 처음으로 사용한 울릉도 군수 심흥택의 이름을 딴 심흥택해산, 신라 시대에 우산국을 정복하여 우리 영토로 만든 장군 이사부의 이름을 딴 이사부해

독도 주변의 해산.
안용복해산, 심흥택해산, 이사부해산 등이 바닷속에서 독도를 둘러싸고 있다.

산, 조선 시대에 일본에 가서 독도가 우리 영토임을 직접 확인하고 돌아온 안용복의 이름을 딴 안용복해산이 있습니다.

이러한 이름처럼 독도 주변의 해산은 독도를 항상 지켜 줄 것만 같습니다. 독도 주변에 울릉도를 포함하여 해산이 자리 잡고 있는 지역을 울릉분지라고 하는데, 이렇게 바닷속에 형성된 분지를 해저 분지라고 합니다.

신비로운 쌍둥이 섬 독도의 탄생

대중 매체에서 독도와 관련된 이야기가 나올 때면 마치 배경 음악처럼 나오는 '독도는 우리 땅'에서 독도를 '외로운 섬 하나'라고 표현한 것 때문인지 동해에 우뚝 솟아 있는 독도를 외로운 섬이라고 생각하는 사람들도 있습니다. 이렇게 생각하는 사람들은 대부분 독도가 한 개의 섬으로 되어 있다고 인식하고 있습니다. 하지만 독도는 두 개의 큰 섬으로 이루어져 있습니다. 우뚝 솟은 서

독도에서 가장 큰 섬인 서도.
정상에는 가장 높은 봉우리 대한봉이 있고, 섬 전체의 경사는 매우 급하다.

우리나라 영토의 첫 시작을 여는 섬 동도.
서도에 비해 상대적으로 완만해 선착장과 등대, 경비대 등이 위치한다.

도는 듬직한 오빠이고, 푸른 옷으로 예쁘게 단장한 동도는 여동생입니다. 닮은 듯 서로 다른 서도와 동도는 외롭지 않습니다.

서도에는 독도의 가장 높은 봉우리인 대한봉이 우뚝 솟아 있습니다. 높이 168.5m로 산꼭대기가 뾰족한 원뿔 모양을 하고 있습니다. 섬은 전체적으로 경사가 급합니다. 특히 동도와 서도 사이의 해안에는 거대한 절벽이 나타납니다. 선착장 반대편 해안에는 조그만 거주민 숙소가 있습니다.

동도는 우리나라 영토의 시작을 여는 섬입니다. 서도에 비해 상대적으로 완만하고 아기자기한 모습이 엿보입니다. 동도에도 해발 고도 98.6m의 봉우리인 우산봉이 있습니다. 서도 끝 부분에 있는 탕건봉(97.8m)보다 1m 정도 더 높습니다. 동도는 대부분 화산암으로 이루어져 있지만 부분적으로 지표에 토양이 형성되어 있어 식물들을 볼 수 있습니다. 높이 솟은 서도에 비해 전체적인 규모는 작지만 경사가 완만하여 평평한 곳들이 있습니다. 그래서 동도에는 쾌속선 선착장을 비롯하여 독도 경비대와 경비대 숙소, 그리고 등대가 자리 잡고 있습니다. 이제는 독도가 바위섬에 불과하다는 생각은 버려야겠죠. 더군다나 독도는 서도와 동도 외에도 주변에 부속 도서와 암초를 90개 가까이 거느리고 있으니 말입니다.

그렇다면 우리 땅 독도는 과연 어떻게 만들어진 것일까요? 한마디로 얘기한다면 백두산, 제주도, 울릉도와 같이 화산 활동으로 만들어진 섬이라고 할 수 있습니다. 독도는 제주도와 울릉도에 비하면 규모가 워낙 작기 때문에 울릉도의 작은 부속 섬처럼 생각할 수도 있습니다. 하지만 독도는 오히려 우리나라 주요 화산들의 맏형뻘입니다. 해수면 아래에 지름 약 25km, 높이 약 2000m로 울릉분지상에 형성된 화산체로, 해수면 아랫부분의 크기가 한라산의 크기와 비슷합니다. 신생대 제3기인 약 460만 년 전에 형성된 독도는 약 250만 년 전에 형성된 울릉도와 약 120만 년 전에 형성된 제주도보다 형성 시기가 훨씬 이릅니다. 자! 그럼 맏형 독도가 어떻게 만들어졌는지 과거로 여행을 떠나 볼까요?

독도의 시작을 알기 위해서는 신생대로 거슬러 올라가야 합니다. 신생대는 제3기와 제4기로 나눌 수 있는데, 화산 분출이 시작된 460만 년 전은 제3기의 마지막 시기였던 플라이오세입니다. 이후 200만 년에 걸쳐 여러 차례 이루어진 수중 분출로 독도가 만들어진 것입니다. 독도의 형성 과정은 4단계로 설명할 수 있습니다.

첫 번째 단계는 독도해산의 하부에서 온도가 높고 점성이 낮은 용암이 흘러나오면서 넓고 평평한 순상 화산이 만들어지는데, 그 과정에서 수면과 용암이 접촉하면서 폭발적인 분출이 일어납니다.

두 번째 단계에서 화산체의 정상부에 분화구가 만들어지고, 용암이 땅의 약한 틈을 따라 흘러나오면서 화구를 막게 됩니다. 이렇게 닫혀 버린 화구 속에 용암이 모이면서 거대한 힘을 가지게 되고, 결국에는 강력한 화산 폭발이 일어나, 평탄한 화산 위에 급경사의 화산이 만들어졌습니다. 250만 년 전에 화산 활동이 멈추었을 당시에는 지금보다 수십 배나 더 큰, 울릉도 규모의 화산체였습니다.

세 번째 단계에서는 화산 활동이 멈춘 이후, 응회암과 각력암 등이 미처 굳어지기도 전에 단층과 주상 절리를 따라 파랑의 침식 작용을 받게 됩니다. 여

독도의 형성 단계

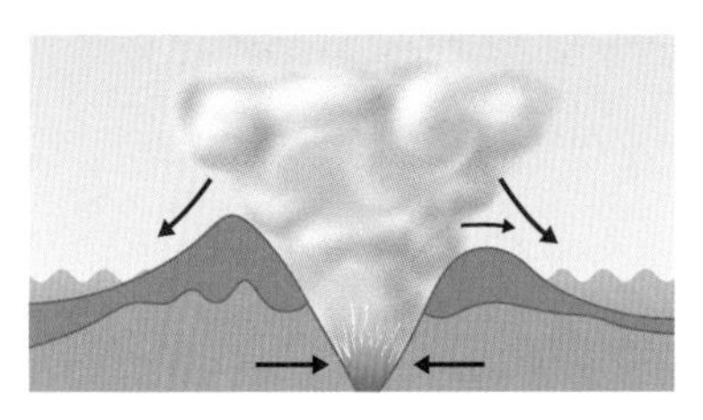

1. 해수면 밑의 조용한 분출에 이어 수면 위에서 분출

2. 조용한 용암 분출 뒤 닫힌 화구에서 화산이 다시 폭발

3. 화산 활동 멈춘 뒤 해수면의 침식 작용으로 사면 붕괴

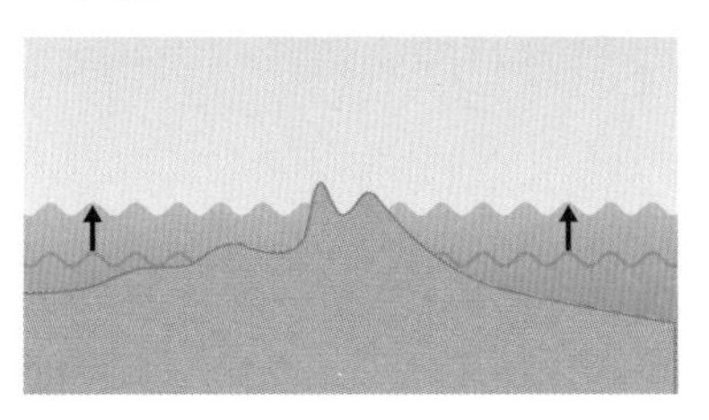

4. 독도의 상부 대부분이 침식되고 난 이후 해수면 상승

러 비탈면은 붕괴되고, 220만 년 전부터는 두 개의 섬으로 나뉘게 됩니다.

네 번째 단계에서 독도의 위쪽 부분은 계속해서 침식되고, 해수면이 상승하여 현재의 모습을 갖추게 되었습니다.

독도의 지형

울릉도는 가족, 오키섬은 "누구니?"

독도와 울릉도는 가족입니다. 그러나 일본의 오키섬과는 이웃사촌도 아닙니다. 이것은 지질의 역사에서서도 알 수 있는 사실입니다. 섬들 간 관계의 비밀을 풀어 줄 열쇠는 '열점'에 있습니다. 지각의 약 3000km 지하에는 주변보다 뜨거운 맨틀이 있는데, 이 맨틀은 유동성이 있어 계속 흐르게 됩니다. 열점은 맨틀이 지표면으로 솟아올라 지각과 만나 마그마가 분출하는 지점을 말합니다. 고정된 열점에서는 마그마가 계속 분출하고, 판은 이동하기 때문에 계

열점과 화산 형성.
열점은 고정되어 있고, 지각판이 이동하면서 섬이 만들어진다.

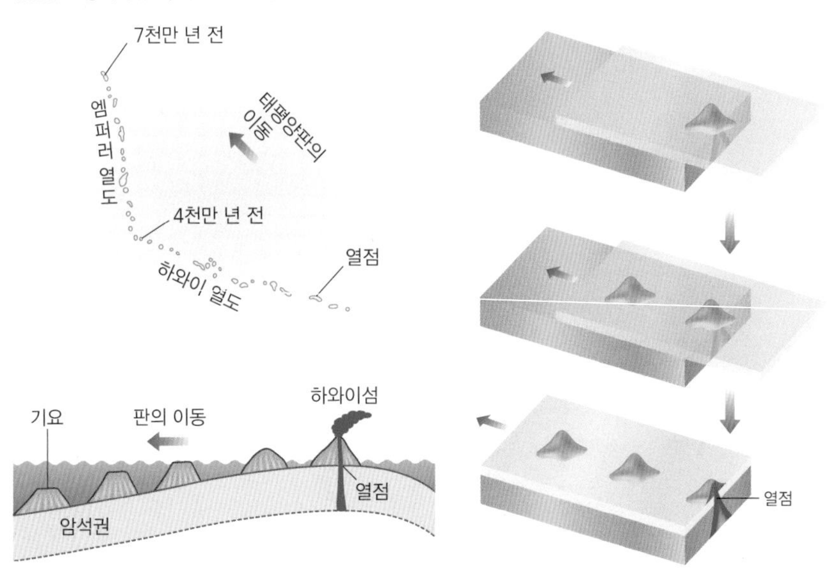

속해서 새로운 해산이 만들어지게 됩니다. 우리가 잘 알고 있는 하와이나 갈라파고스 등이 열점에 의해 만들어진 화산입니다.

우리나라 동해에도 열점이 있습니다. 고정된 열점이 서서히 움직이는 지각판을 달구게 되면서 화산 활동이 일어납니다. 열점에 의해 이사부해산부터 시작해 심흥택해산, 독도, 울릉도가 형성된 것입니다. 울릉도와 독도를 비롯하여 해산까지 한반도에서 인류의 역사가 시작되기 전부터 한 가족으로 태어난 것입니다. 따라서 열점에서부터 멀어질수록 나이가 많다는 것을 알 수 있습니다. 두 개의 작은 섬으로 이루어진 독도, 규모가 작다고 해서 간단하게 만들어진 것은 아닙니다. 원래 우리나라와 일본은 육지로 연결되어 있었는데, 2300만 년 전 유라시아판과 태평양판이 충돌하면서 한반도가 융기하였습니다. 이후, 한반도와 일본 사이가 함몰하고 주변의 바닷물이 유입되면서 서로 분리된 것입니다. 이후, 해저 2000m에서 분출한 용암은 독도와 울릉도를 만들었습니다.

최근에는 태평양판이 유라시아판을 파고들면서 만들어졌다는 가설도 제시되었습니다. 해양판인 태평양판이 지하로 약 700km까지 이동하다가 멈추면서 맨틀이 상승해 형성되었다는 이론입니다. 이처럼, 독도의 생성은 바닷물 아래의 해산 형태로 봤을 때, 열점의 이동에 의한 화산체라는 설과 해저 지각이 갈라진 틈으로 화산 활동이 일어나 만들어졌다는 두 가지 설이 있습니다. 아무튼 독도와 비교적 가까운 거리에 있는 울릉도는 같은 활동으로 생성된 반면, 오키섬은 일본 대륙붕의 연장선에 있어 다릅니다.

암석학의 보고이자 지질 전시장인 독도

독도는 화산 활동에 의하여 생성되었기 때문에 알칼리성 화산암으로 이루어져 있는데, 구성 암석이 해수면을 기준으로 아래와 위가 다르게 나타납니다. 주류 구성 암석이 해수면 위쪽은 안산암류이고, 해수면 아래쪽은 현무암입니다. 특히 다양한 화산암이 분포하고 있어 '암석학의 보고'로서 생태 학습의 장으로 활용하기에 충분한 가치가 있습니다.

광물과 광물별 규산염 광물 함유량.
규산염 광물 함유량에 따라서 색이 다르게 나타나고, 냉각 속도에 따라 입자의 크기가 다르게 나타난다.

		규산염 광물 함유량	냉각 역사/조직			
			느린 냉각/조립질	빠른 냉각/세립질	매우 빠른 냉각/유리질	
조성 /색	고철질 /짙은 색	52%	반려암(gabbro)	현무암(basalt)	분석(scoria)	
	중간 성분 /중간 색		섬록암(diorite)	안산암(andesite)		
	규장질 /옅은 색	66%	화강암(granite)	유문암(rhyolite)	부석(pumice)	흑요암(obsidian)
			심성암	화산암		

해수면을 기준으로 독도의 위쪽에 나타나는 안산암은 현무암보다 옅은 색을 띱니다. 이에 비해, 아래쪽에 주로 나타나는 현무암은 흑갈색을 띱니다. 독도의 지질을 살펴보기 전에 광물에 대해서 간단히 알아볼까요? 현무암과 안산암의 색깔에 차이가 나타나는 이유는 무엇일까요? 그것은 두 암석의 용융점이 다르기 때문입니다. 용융점은 녹는점을 말합니다. 고체가 녹아서 액체가 되는 온도를 말하는 것인데, 현무암은 용융점이 높고 다른 광물에 비해서 규산염 광물(SiO_2)의 비중이 적습니다. 철(Fe), 마그네슘(Mg) 등과 같은 광물의 비중이 높은데, 이들 광물이 녹으면서 흑갈색을 띠는 것입니다. 그리고 염기성 사장석과 휘석, 감람석 등이 주성분입니다.

현무암은 해령 부근에서 맨틀의 물질이 맨틀의 상승에 의해 압력을 받아 용융점에 도달해 형성됩니다. 안산암은 다양한 작용에 의해 만들어집니다. 현무암질 마그마에서 분화되는 과정에서 만들어지기도 하고, 판이 섭입할 때 해양 지각과 하부 대륙 지각 사이에서 탈수되어 융점이 강하하면서 용융되어 만들어지기도 합니다. 또 현무암질 마그마와 화강암질 마그마의 혼합에 의해서 만들어지는 경우도 있습니다.

암석의 이름이 낯설어서 어렵게 느껴지지만, 대부분 한자어이기 때문에 한자 뜻만 살펴보면 어떠한 특성을 가지고 있는지 쉽게 파악할 수 있습니다.

예를 들어, 알칼리의 장석으로 이루어진 조면암(粗面巖)은 '거칠다'라는 뜻을 가진 조 자에, '낯'을 뜻하는 면 자의 한자로 된 이름을 통해 표면이 까칠까칠하다는 특징을 쉽게 알 수 있습니다. 이와 같은 방법으로 응회암, 안산암, 유문암의 특징도 찾아볼까요? 응회암(凝灰巖)은 '엉기다'라는 뜻의 응 자, '재'라는 뜻의 회 자로 보아, 화산이 분출할 때 나온 화산재들이 굳어져 만들어졌다는 생성 과정상의 특징을 알 수 있습니다. 안산암(安山巖)의 경우 남미 안데스 산맥에서 많이 발견된 데에서 그 이름이 유래한 것입니다. 중국어에서 그 이름을 따오면서 안산이라고 부르게 되었는데 반상 조직으로 큰 사장석이나 고철질 광물로 식별이 가능합니다. 이 밖에도 규산이 많이 든 광석으로 흰색을 띠고, 석영 조면암이라고도 부르는 유문암(流紋巖)은 '흐른다'라는 뜻의 유 자, '무늬'라는 뜻의 문 자로 보아, 지표면에서 흐르다가 급히 냉각되고 물결무늬가 있는 암석의 특징을 쉽게 파악할 수 있습니다. 유문암은 '아름다운 언덕'을 뜻하는 화강암(花崗巖)과 화학 조성이 같은데, 둘을 구분하는 차이라고 하면 화강암에는 백운모가 많은 반면에 유문암은 그렇지 않다는 것입니다.

독도의 지질 구조.
다양한 지질 구조를 가지고 있어 암석학의 보고이자 지질 전시장이라고 불린다.

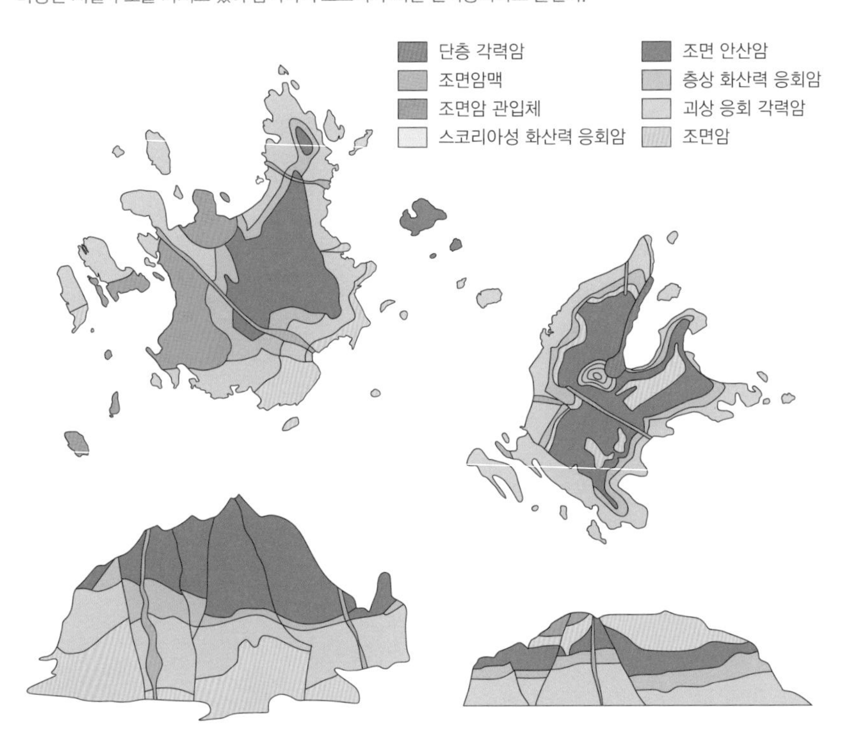

각력암(角礫巖)은 '모나다'라는 뜻의 각 자, '자갈'이라는 뜻의 력 자로 보아, 모난 자갈이나 암석 조각이 수중에서 퇴적하여 모래나 진흙에 의하여 다시 응결되어 만들어진 것을 알 수 있습니다.

독도의 암석들은 성분과 성인(成因)에 따라서 하부로부터 조면암, 응회암 및 이를 관입하고 있는 암맥 등으로 이루어져 있습니다.

독도의 섬 정상부를 제외하고 대부분은 응회암과 화산 각력암이 주를 이루고 있습니다. 앞에서 말한 것처럼 두 암석은 화산재와 암편이 쌓여 굳어진 돌이기 때문에 굉장히 물러 풍화에 약합니다. 그래서 지반이 불안정하며, 토양층이 거의 없고 침식에도 약한 것입니다. 섬 전체에 걸쳐 크고 작은 균열이 진행되고 있는 상황으로 강풍에 돌이 떨어져 나가기도 합니다. 암석의 균열과 지반 균열 진행 속도를 측정하기 위해 동도에는 두 개의 장비가 설치되기도 하였습니다. 독도는 국가지질공원으로 지정되어 있는 만큼 다양한 화산암이 분포하고 있는 '암석학의 보고'로, 지속적인 지원과 보호가 필요한 자원이라고 할 수 있습니다.

독도의 해산

독도와 울릉도 사이는 수심 2000m가 넘는 울릉분지간극(Ulleung Interplain Gap)이 있고, 그 사이에는 안용복해산이 위치하고 있습니다. 이 해산은 주변의 다른 평정 해산과 달리 뾰족한 형태를 유지하고 있습니다. 독도에서 15km 정도 떨어진 지점에는 심흥택해산, 독도에서 약 55km 떨어진 지점에는 이사부해산이 위치하고 있습니다. 이 이름이 붙여지기 전에는 심흥택해산은 제2독도 해산, 이사부해산은 제3독도 해산으로 불려 왔습니다. 심흥택해산은 수심 약 200m 아래에 위치하고 있으며, 경사는 2°인 평정 해산(guyot)을 이루고 있습니다. 이사부해산도 수심 약 200m 정도에 위치하고 있으며, 경사는 가장 완만한 형태입니다. 각 해산 사이는 깊은 해저골이 형성되어 있습니다. 독도 동쪽에 위치한 심흥택해산, 이사부해산은 독도에 비해 생성 시기가 오래되었고, 서쪽에 있는 울릉도가 가장 나중에 분출된 것으로 파악하고 있습니다. 심흥택해산과 이사부해산은 오랜 기간 동안 파랑의 침식 작용으로 해면 위로 드러났던 부분들이 제거되었습니다. 물론, 이와 같은 설은 열점에 의한 분출이라는 학설에 의한 것으로, 이에 대한 연구는 지속되고 있습니다.

제3장

독도의 기후와 지형

독도의 기온과 강수량, 울릉도와 같을까?

위치를 통해서 파악할 수 있는 것 중에는 기후가 있습니다. 우리나라 최동단에 위치한 독도는 위도상으로 중위도에 속하고 계절 변화가 뚜렷하며, 경도상으로는 유라시아 대륙의 동쪽에 있습니다. 지리적 위치로 보면 대륙의 동쪽에 있기 때문에 겨울에는 대륙의 영향을 받습니다. 따라서 겨울에는 건조한 반면, 여름에는 바다의 영향을 받아서 습합니다. 북한 한류와 동한 난류를 비롯한 해양의 영향을 많이 받습니다.

독도의 연평균 기온은 약 12.4℃, 가장 추운 1월 평균 기온이 1℃, 가장 더운 8월 평균 기온이 23℃ 정도입니다. 중부 산간과 도서 지역을 제외한 우리나라의 1월 평균 기온이 영하 6~3℃인 것을 볼 때, 독도의 겨울은 상대적으로 온난하다는 것을 알 수 있습니다. 독도의 평균 풍속은 4.3m/s로, 서울이나 울릉도에 비해서도 바람이 센 편입니다. 그래서 겨울에 독도를 방문하면 바람 때문에 더 춥게 느껴집니다.

안개가 잦은 편이고 연중 흐린 날이 160일 이상이며, 강수일수는 150일 정도입니다. 연 강수량은 얼마나 될까요? '독도는 우리 땅' 노래의 가사가 바뀌기 전에는 '평균 기온 12℃, 강수량 1300mm'라고 되어 있었습니다. 그런데 이 수치는 독도의 기온과 강수량이 아니라 울릉도의 기온과 강수량입니다. 그 당시에는 독도의 기후를 따로 측정하지 않았기 때문에 독도의 기후를 울릉도와 같은 수치를 사용하여 표현한 것입니다. 지난 30년간의 강수량을 기준으로 한 울릉도의 정확한 강수량은 1383.4mm입니다.

과연 울릉도의 기후를 독도의 기후로 보는 것이 바람직할까요? 외교부는 '독도는 우리 땅'의 노랫말을 좀 더 정확한 수치인 1800mm로 수정했습니다. 특정 지역의 강수량과 같은 기후 값은 30년 동안의 값을 기준으로 하고 있습니다. 일기 예보에 등장하는 '예년'이라는 단어는 지난 30년간 기후의 평균적 상태를 이르는 말입니다. 최근에는 이상 기후로 예년과 차이가 크게 나타나는 경우가 많아서 10년 정도의 통계 자료를 제시하기도 합니다. 이제 독도의 강수량을 울릉도의 강수량인 1300mm라고 한다면 사실과 다른 이야기가 됩니다. 87km 정도 되는 울릉도와 독도의 거리도 고려해야 할 것입니다.

기존에 제작된 독도 교육 자료에서는 자료마다 독도의 기후를 서로 다르게 설명하고 있습니다. 초등학생용과 중학교용 『독도 바로 알기』에서는 사회과 교과서와 마찬가지로 독도의 연평균 기온은 12.4℃ 안팎이고, 연평균 강수량은 1383.4mm라고 제시하고 있는 데 비해, 고등학생용에서는 독도의 연평균

울릉도와 독도의 기온과 강수량의 변화

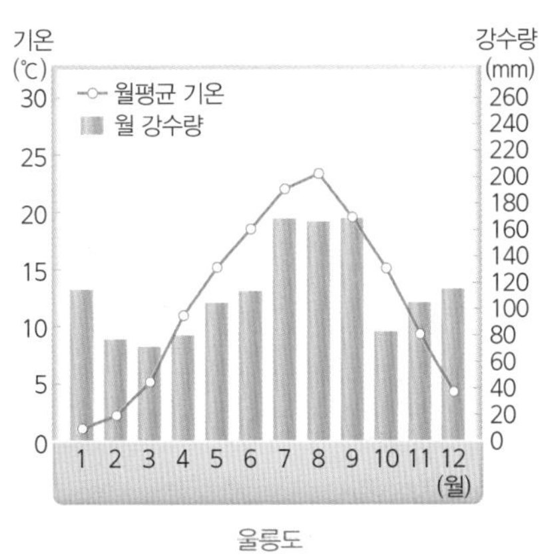

울릉도

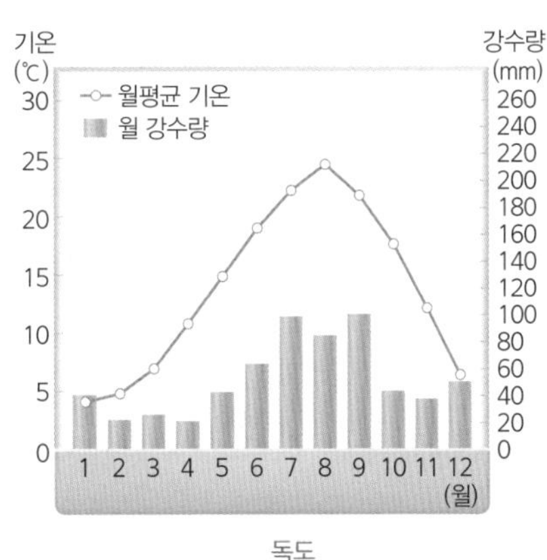

독도

강수량을 2004~2010년 독도의 월평균 기온과 월평균 강수량 자료를 기반으로 하여 연평균 기온은 약 13℃ 안팎이고, 연평균 강수량은 약 700mm라고 제시하고 있습니다.

이와 같은 차이가 생긴 이유는 독도의 기온과 강수량을 측정한 기간이 짧기 때문입니다. 기상청에서 만든 1981~2010년 한국의 기후표에 독도의 기후 값은 포함되어 있지 않았습니다. 그것은 독도의 기온과 강수량이 1999년부터 측정되었기 때문입니다. 다른 지역에 비하면 짧은 기간의 자료이지만, 이 기간 동안 독도의 기후 값을 산출하는 것만으로도 의미 있는 일입니다. 왜냐하면,

독도의 사계.
❶ 봄-섬장대, ❷ 여름-서도 왕호장근 군락지, 탕건봉,
❸ 가을-동도 얼굴바위와 해국, ❹ 겨울-동도 정상에서 바라본 서도의 설경

독도 연 요약 자료 종합(2000~2012)

		2000	2001	2002	2003	2004	2005	2006	2007	2008	2010	2011	2012	산출값 (평균/최대/최소)
기온 (℃)	연평균 기온	×	15.7	14.2	×	15.2	13.5	13.3	14.6	13.9	13.3	×	13.4	13.8
	특징	3, 4, 11 월만 제시	1월 제외	4월 제외	7~10월 제외	1, 4, 6 월 제외	3월 제외				6월 제외	3, 4월 제외		
	월평균 최고 기온	11.7 (11월)	26.6 (8월)	23.4 (7월)	19.6 (6월)	23.8 (8월)	24.7 (8월)	24.8 (8월)	26.3 (8월)	23.1 (8월)	25.9 (8월)	24.8 (8월)	26.0 (8월)	26.6 (2001.8.)
	월평균 최저 기온	7.3 (3월)	4.2 (2월)	4.4 (1월)	2.5 (1월)	7.1 (2월)	3.1 (1월)	3.3 (2월)	5.4 (1월)	4.4 (1월)	3.8 (1월)	0.9 (1월)	2.3 (2월)	0.9 (2011.11.)
강수 (㎜)	연 강수량	×	327.0	726.0	×	701.5	530.0	632.0	741.5	636.0	523.5	510.5	682.0	620.8
	특징	3, 4, 11 월만 제시	1월 제외		10~12월 제외	1~3월 제외				2월 제외				
	월평균 최고 기온		52.5 (9월)	296.0 (8월)		197.0 (8월)	71.0 (9월)	235.5 (7월)	228.5 (9월)	208.0 (7월)	125.5 (10월)	116.5 (9월)	211.5 (8월)	296.0 (2002.8.)
	월평균 최저 기온		1.0 (8월)	0.5 (2월)		5.0 (4월)	5.5 (2월)	17.5 (1월)	10.0 (4월)	0.3 (3월)	10.5 (5월)	8.5 (5월)	6.0 (2월)	0.3 (2008.3.)
바람 (㎧)	연평균 풍속	×	5.4	5.8	×	4.2	4.4	4.0	3.5	4.0	4.3	×	4.0	4.0
	특징	3, 4, 11 월	1월 제외	4월 제외	7~10월 제외	1, 4, 6 월 제외						4월 제외		
	월평균 최대 풍속	6.9 (3월)	6.2 (3월)	7.0 (11월)	6.8 (11월)	5.1 (7월)	5.8 (4월)	5.1 (3월)	4.5 (5,8월)	4.9 (1월)	6.1 (12월)	4.8 (5월)	5.8 (11월)	7.0 (2002.11.)
	월평균 최소 풍속	5.0 (11월)	4.6 (8월)	4.6 (6월)	4.2 (3월)	3.2 (10월)	3.6 (5월)	3.3 (2월)	1.5 (2월)	2.5 (9월)	2.9 (6월)	3.3 (9월)	2.6 (9월)	1.5 (2007.2.)

자료: 기상청 연 요약 자료(2000~2012)

독도에 기상대가 있다는 점은 우리가 독도를 실효 지배하고 있다는 단적인 사례가 되며, 매일 기상을 측정하고 있다는 점은 독도가 일상적인 생활이 이루어지고 있는 공간이라는 점을 보여 주기 때문입니다.

새롭게 독도의 기온과 강수량을 알아보기 위해서 자동 기상 관측 장비(AWS: Automatic Weather System)로 관측하여 독도 연 요약 자료에 실은 값을 기준으로 독도만의 기후를 제시할 수 있습니다. 이 중에서 누락된 1999년, 2009년과 일부를 제외한 측정값을 통해서 기후 요소인 기온, 강수, 바람의 연평균 값과 각 요소별 최곳값 및 최젓값 등을 계산할 수 있습니다.

연평균 기온은 2006~2008년, 2012년, 4년간의 자료를 기준으로 13.8℃이고, 월평균 최고 기온은 26.6℃, 월평균 최저 기온은 0.9℃입니다. 연 강수량은 2002년, 2005~2007년, 2010~2012년까지 7년간의 자료로 평균값을 산출하면 620.8mm입니다. 월평균 최대 강수량은 296mm이고, 월평균 최소 강수량은 0.3mm입니다. 연평균 풍속은 2005~2008년, 2010년, 2012년, 6년간의 자료를 기준으로 4.0m/s이고, 월평균 최대 풍속은 7.0m/s, 월평균 최소 풍속은 1.5m/s, 순간 최대 풍속은 70.0m/s입니다.

이처럼, 기후 자료는 측정 기간 등 기준에 따라 다른 수치로 표현될 수 있으므로 혼동하지 않도록 해야 합니다.

이야기가 넘치는 독도의 바위

도동 해안 선착장에 배가 정박하고, 배에서 내리는 사람들은 동도와 서도의 위용 앞에서 놀라고 맙니다. 두 섬을 보고 나면 주변에 자리 잡고 있는 바위들이 하나씩 눈에 들어오는데, 가장 먼저 방문객들의 시선을 사로잡는 것이 숫돌바위입니다. 선착장과 동도 사이에 평평한 파식대 위에 우두커니 서 있는 숫돌바위는 특이한 모양으로 시선을 사로잡습니다. 독도를 보기 위해 찾아온 대부분의 사람들이 이곳을 배경으로 기념사진을 찍을 만큼 대표적인 촬영 구역입니다.

숫돌바위.
독도의용수비대가 칼을 갈기 위해 숫돌로 사용했다고 해서 붙여진 이름이다.

"우아! 저 바위는 뾰족한 게 칼같이 생겼어요."

"아, 저 바위! 그래 뾰족한 것이 칼처럼 보이기도 하네?"

독도 여행에서 아주 흥미로운 부분 중 하나가 독도의 바위들입니다. 다양한 형상의 바위들은 독도의 부속 도서로 많은 이야기를 들려줄 뿐 아니라, 독도에 대한 관심과 매력을 더합니다.

숫돌바위의 모습은 제주도나 울릉도에서 볼 수 있는 주상 절리의 모습과 유사합니다. 제주도 지삿개의 주상 절리가 연필을 세워 놓은 모양의 수직 주상 절리라면 독도의 숫돌바위는 연필을 가로로 포개어 쌓아 놓은 듯한 수평 주상 절리입니다.

섬이 생길 당시 화산 분출물이 흘러나와 급속히 냉각하면서 수축하여 사이사이에 틈이 생기는 것이 절리인데, 이것이 수평으로 생겨난 조면암 바윗덩어리의 절리입니다. 숫돌바위의 이름은 독도의용수비대가 칼을 갈기 위해 숫돌로 사용했다는 이야기에서 유래하기도 했지만, 바위의 암질이 숫돌과 비슷하기도 합니다.

서도의 주상 절리대.
서도의 상부와 탕건봉의 상부에 있는 다각형 모양의 기둥이 수직으로 세워진 주상 절리대이다.

부채바위.
먼바다에서 보면 부채를 편 것처럼 보인다.

몇백만 년에 걸친 파랑의 침식 작용은 독도 주변에 다양한 형태의 부속 섬들을 만들어 주었고, 지금처럼 독도를 지키도록 남겨 두었습니다. 이렇게 세월의 흔적을 고스란히 담고 따로 떨어져 촛대나 등대처럼 홀로 서 있게 된 바위를 시스택(sea stack)이라고 부릅니다. 파랑의 침식 작용은 바위만 만드는 것이 아닙니다. 해안에 형성된 수직 절벽인 해식애, 파도의 차별 침식으로 동굴처럼 파인 해식동과 아치 형태로 만들어진 시아치(sea arch) 등이 있습니다.

독도의 해안 지형들은 각각 외형적 특성이나 역사적 이야기와 관련된 특별한 이름을 가지고 있습니다.

"이게 한반도바위지? 우아, 진짜 우리나라를 닮았네!"

"저건 삼형제굴바위다!"

독도에 여행을 오기 전에 독도의 바위에 대해서 조금이라도 들어 본 적이 있는 사람들은 한결같이 바위의 이름을 맞히고 싶어 합니다. 그런데 바위의 이름을 전혀 들어 본 적이 없다면 어떨까요? 사진을 찍고 둘러보다가 그냥 지나쳐 버리는 경우도 있을 것입니다.

아는 만큼 보인다고 하니, 독도를 이루는 부속 도서의 이름을 알고 있다면 더 많은 것을 볼 수 있겠죠. 동도와 서도를 제외한 89개의 부속 도서에 대해서 자세히 살펴봅시다.

촛발바위. (↑)
갑 또는 곶을 뜻하는 울릉도의 방언인 촛발에서 붙여진 이름이다.
가제바위. (→)
가제는 강치의 다른 이름이다.
지네바위. (↓)
이진해라는 사람이 미역을 따던 장소라고 해서 붙여진 이름이다.

독도 북쪽에 위치한 큰가제바위와 작은가제바위. 처음 이들 바위의 이름을 들었을 때, 집게 달린 갑각류의 '가재'를 떠올리지는 않았나요? 가제는 가재와는 다른, 독도 근해에 번식했던 유일한 물개과의 동물인 강치를 말합니다. 가제가 자주 출몰한다고 해서 붙여진 이름인 가제바위를 통해서 이곳의 어민들이 강치를 '가제'라고 불렀던 것 또한 알 수 있습니다.

얼굴바위.
두건을 쓴 듯한 전사의 모습이 보인다.

가제바위처럼 인근에 자주 나타나는 데서 유래한 이름이 하나 더 있습니다. 어떤 바위일까요? 그것은 지네바위입니다. 지네바위라는 이름을 처음 들으면 다리가 여러 개 달려서 땅바닥을 기어 다니는 절지동물인 지네가 떠오릅니다. 하지만 지네바위는 지네와는 전혀 상관이 없습니다. 이곳은 예전에 '이진해'라는 이름을 가진 한 어민이 미역을 채취하던 곳으로, 주민들이 소리 나는 대로 '진해', '지내' 등으로 말하여 전해지다가 지금처럼 바뀐 것입니다.

독도에서 선착장에 도착해 숫돌바위를 먼저 보고, 옆으로 난 길을 따라 걸어가다 보면 마치 부채를 펼친 것처럼 보이는 바위를 만나게 됩니다. 그래서 이름도 부채바위입니다. 부채바위 또한 약한 부분은 오랜 파랑의 침식으로 없어지고 남은 시스택입니다. 가까이에서 보면 뾰족한 등잔 위에 살며시 타고 있는 등불처럼 보이기도 합니다. 21.4m 높이의 바위에 자갈보다 큰 암석들이 박혀 있는데, 쉽게 떨어져 나갈 것처럼 보입니다.

부채바위를 조금 지나면 해수면에 나지막하게 드러난 해녀바위가 보입니다. 예전에 해녀들이 휴식을 취했던 장소라 해서 이름 붙여진 해녀바위는 동키바위라고 불리기도 했습니다. '동키'란 독도에 선박 접안 시설이 만들어지기 전에, 화물을 내릴 때 쓰던 기계 장치의 일본식 이름입니다. 그 옆으로는 춧발바위가 있습니다. 오래전부터 이곳의 어민들이 바다의 곶(串)과 같이 튀어나온 부분을 '춧발'이라고 부른 데서 유래한 이름입니다. 춧발바위를 돌아서 위쪽으로 올라가면 돌진하는 탱크를 닮은 전차바위를 볼 수 있습니다. 얼마 전

숫돌바위 이야기

"독도를 지키려면 무장을 튼튼히 해야지!"
"자, 여기에 숫돌이 있으니 칼을 갈면 되겠군!"
1953년 일본의 어선과 순시선은 독도를 호시탐탐 노리고 있었습니다. 홍순칠과 울릉도 청년들은 독도를 지키겠다는 신념 하나로 독도의용수비대를 창설합니다. 그리고 불법으로 독도에 들어오려는 일본을 물리치기 위해 여러 가지 무기를 직접 준비합니다. 그중 하나가 칼이었고, 칼이 뭉툭해질 때마다 매번 갈아야만 했지만 미처 숫돌을 준비하지 못했습니다. 그때 하늘이 지켜본 것일까요?
그들 앞에 모든 칼을 갈고 갈아도 없어지지 않을 만큼 거대한 바위 하나가 나타났습니다. 독도의용수비대는 하늘이 주신 바위에 칼을 갈아 쓸 수 있었고, 독도를 지켜 낼 수 있었습니다. 이 숫돌은 지금도 굳건히 서서 독도의용수비대의 활약을 간직한 채 독도를 지키고 있습니다. 그래서 붙여진 이름이 바로 숫돌바위입니다.

까지는 탱크바위로 불렀으나 지금은 전차바위로 이름이 바뀌었습니다.

전차바위를 지나가면서 위를 올려다보세요. 하늘과 땅이 수직으로 경계를 이루는데, 그 모습이 사람의 얼굴을 닮았습니다. 암석의 세 가지 색이 서로 조화를 이루어, 머리에는 갈색 두건을 쓰고 하얀색의 옷을 입은 사람의 얼굴을 보는 것 같습니다. 위장 크림을 바른 듯한 전사의 코 부분이 침식을 이기지 못하고 점점 작아지고 있습니다. 아무쪼록 전사의 얼굴이 오랫동안 유지되었으면 하는 바람을 담아 봅니다.

독도의 꿈, 독립문바위와 한반도바위

동도에서 더 동쪽으로 길게 뻗어 나온 곶(串)에는 조금이라도 동해로 더 가기 위해서 슬며시 발을 뻗어 바다에 담가 놓은 바위가 있습니다. 그래서 아치형 문이 저절로 만들어졌습니다. 이렇게 생긴 아치형 문의 이름은 '독립문'입니다. 바위에 있는 아치의 모습이 독립문을 닮았다고 해서 울릉도 어민들이 붙인 이름입니다.

독립문바위.
독립문을 닮았다고 해서 붙여진 이름이다.

한반도바위.
한반도 모양을 닮아 붙여진 이름이다.

판상의 바위들이 가로로 차곡차곡 쌓여 포개져 있고, 그 사이에 검은 돌들이 박혀 멋을 더합니다. 독립문바위 형태는 파랑이 센 암석해안에서 주로 발달하는데, 이는 해식 아치입니다. 시아치라고 하기도 하며, 파랑에 의한 차별적 침식 작용으로 형성됩니다. 현재 남아서 아치를 이루는 부분은 파랑에 강한 부분이고, 그 안에 빈 공간은 약한 부분으로 침식되어 사라진 것입니다. 우리나라의 서해나 남해의 백령도나 홍도, 해금강 등에 가면 규모가 더 큰 시아치를 볼 수 있습니다.

프랑스 북노르망디의 해안 소도시인 에트르타(Etretat)에는 백악(chalk) 절벽으로 불리는 해식애와 시아치가 있습니다. 프랑스에서는 이 바위의 모습이 코끼리가 코를 박고 있는 모양이라고 해서 코끼리바위라고 부릅니다. 너무도 황홀한 모습에 프랑스 화가인 귀스타브 쿠르베, 클로드 모네, 앙리 마티스 등이 이곳을 작품으로 그려 냈습니다. 이런 이야기를 듣고 나면 내심 부러워집니다. 독립문바위도 전 세계적인 화가들이 즐겨 그리는 작품 명소가 되었으면 합니다.

독도 등대에서 북서쪽 능선을 따라 이동하면 한반도 모양을 닮은 한반도바위를 볼 수 있습니다. 영월의 선암마을에서도 한반도 지형을 볼 수 있었는데, 우리 땅 독도에서 한반도 모양을 그대로 닮은 바위의 모습을 바라보니 '바위조차도 우리 땅임을 말해 주네!' 하는 생각이 저절로 듭니다.

이제 서도 주변의 바위를 관찰하는 여행을 떠나 봅시다. 서도 주변의 바위 중 가장 먼저 눈에 띄는 것은 동도와 서도 사이에 자리 잡고 있는 것들입니다. 서도의 왼쪽 끝 부분인 탕건봉을 비롯하여 촛대바위, 삼형제굴바위가 한눈에 들어옵니다.

탕건봉은 바위의 생김새가 탕건(宕巾)과 비슷하다고 해서 붙여진 이름입니다. 탕건은 조선 시대에 벼슬아치들이 갓 아래에 받쳐 쓰던 관을 말합니다. 이

서도 주변의 부속 도서.
탕건봉, 촛대바위, 삼형제굴바위가 보인다.

바위를 옆에서 보면 앞쪽은 낮고 뒤쪽은 각을 만들어 세워 놓은 것이 탕건과 매우 흡사합니다. 과거에는 엄지바위, 탕건바위 등으로 불렸으나 지금은 어엿한 봉우리가 되었습니다. 봉우리 위쪽은 주상 절리가 나타나고, 아래쪽은 풍화 작용으로 벌집 모양의 구멍인 타포니가 나타납니다.

탕건봉 옆으로 하얀빛을 띠는 바위 하나가 보입니다. 이 바위는 마치 어두운 탕건봉과 삼형제굴바위를 볼 수 있게 촛불을 켜 놓은 듯한 모습입니다. 이 촛대를 닮은 바위의 이름은 촛대바위입니다. 사실 촛대바위라는 이름은 우리나라의 바닷가에서 자주 들을 수 있습니다. 독도의 촛대바위는 동도 쪽에서 바라보면 장군이 투구를 쓴 모습과 비슷하여 '장군바위'로 불리기도 하였습니다. 촛대바위는 숫돌바위나 부채바위와 같이 무수한 침식에도 파식대 위에 남은 시스택 중 하나입니다.

촛대바위.
모양이 촛대를 닮아 붙여진 이름으로 장군바위로도 불렸다.

코끼리바위.
코끼리가 물을 마시는 듯한 모습이다.

탕건봉.
조선 시대 사대부들이 갓 아래 받쳐 쓰던
탕건을 닮아 붙여진 이름이다.

삼형제굴바위.
삼 형제가 서로 머리를 맞대고
기대어 서 있는 듯한 모습이다.

촛대바위 옆으로는 또 하나의 유명한 바위인 삼형제굴바위가 보입니다. 먼저 눈에 들어오는 것은 바위에 뚫린 굴입니다. 하나의 굴처럼 보이지만 자세히 보면 세 개의 굴이 서로 머리를 맞대고 있는 의좋은 삼 형제의 모습이 떠오릅니다. 이 삼형제굴은 염분과 파랑의 침식으로 만들어진 해식동입니다. 그리고 멀리서는 잘 보이지 않지만 촛대바위와 삼형제굴바위 사이에 미역바위가 있습니다. 미역바위라는 이름이 어떤 것과 관련 있을지 벌써 알 것 같은 느낌이 들지요? 독도를 지켰던 독도의용수비대원들이 이 바위에서 미역을 많이 채취했었다고 해서 붙여진 이름입니다.

동도의 선착장에서 서도를 볼 때, 오른쪽에 탕건봉과 삼형제굴바위가 있다면, 왼쪽에는 코끼리바위와 보찰바위가 있습니다.

"코끼리바위는 울릉도에 있는 거 아니에요?"

"예, 맞습니다. 코끼리바위는 울릉도에 있어요. 그런데 이곳 독도에도 있습니다. 울릉도 코끼리가 더 큰 코끼리이고요, 독도의 코끼리는 작은 코끼리입

보찰바위.
보찰은 따개비와 유사한 거북손의 다른 이름이다.

군함바위.
군함을 닮아 붙여진 이름이다.

니다.

아기 코끼리의 코와 귀쯤 되는 부분을 자세히 보면 절리가 발달해 있는 것을 볼 수 있어요. 특히 귀 아래쪽의 주상 절리대는 선명하게 보입니다.

코끼리바위에서 남쪽으로 약간 떨어진 바다에는 보찰바위가 있습니다. 보찰이라는 이름은 처음 들어 봤죠? 보찰은 독도에 서식하는 해산물로 따개비와 유사한 거북손의 다른 이름인데, 이 역시 보찰의 모습을 닮아서 붙여진 이름입니다.

보찰바위에서 해안을 따라 서도의 서쪽으로 이동하면 넙덕바위과 군함바위가 보입니다. 넙덕바위는 '넙적하다'라는 뜻의 방언에서 유래한 이름이고, 군함바위는 군함을 닮았다고 해서 붙여진 이름입니다. 여러분들이 보기에도 군함을 닮았나요? 자세히 보면 전투함도 출격할 수 있는 항공모함처럼 거대해 보이기도 해서 든든합니다. 군함바위를 따라 북쪽으로 올라가면 앞에서 봤던 지네바위와 가제바위가 있습니다.

파랑이 만든 또 다른 산물

독도는 대한봉, 우산봉, 탕건봉 등의 봉우리와 숫돌바위, 독립문바위, 한반도바위 등 해안 지형의 특성이 잘 나타난 바위 외에도 지질·지형적으로 특별한 자연환경을 체험할 수 있는 섬입니다. 숫돌바위와 동도 사이에 안쪽으로 움푹 들어간 해안에는 크기가 꽤 크고 모양이 둥근 자갈들이 가득 차 있습니다. 순우리말로 모가 나지 않은 돌이라고 해서 몽돌이라고 부릅니다.

"여러분, 이렇게 수많은 몽돌은 어디서 왔을까요?"

"사람들이 가져다 놓은 것 아닌가요?"

"산에서 떨어진 것 같아요."

"파도가 가져온 것 같아요."

해안이 형성된 곳은 도동의 안쪽에 파랑이 약한 곳으로, 다른 곳에 비해 상대적으로 퇴적이 활발한 곳입니다. 파랑에 의해 떨어져 나온 돌들이 서로 부딪치고 깎여서 동글동글해진 것이죠. 이러한 해안을 몽돌 해안이라고 합니다. 쉽게 말해서 자갈 해안이라고 할 수 있는데, 울릉도와 남해안에서도 볼 수 있습니다.

동도 선착장에서 볼 수 있는 해안 침식 지형으로는 몽돌 해안 외에도 파식대가 있습니다. 파식대의 상징은 부채바위입니다. 그렇다면 파식대는 어떻게 만들어진 지형일까요? 파식대(波蝕臺)는 '물결'을 뜻하는 파 자와 '깎는다'는 뜻의 식 자로 이루어진 명칭입니다. 파도에 의해 침식된 대지라는 의미의 파식대는 오랫동안 파랑의 침식을 받아 평평한 대지가 만들어진 것이죠. 파식대는 바다 밖으로 드러날 수도 있고, 바닷속 깊은 곳에 만들어질 수도 있어요. 독도는 이 두 가지 유형의 파식대를 모두 볼 수 있는 곳입니다.

독도 주변은 파랑이 무척 심한 곳입니다. 그래서 퇴적 작용에 의해 형성된 지형보다는 침식 작용으로 만들어진 지형이 대부분입니다. 파식대, 시스택, 해식애, 해식동 등이 모두 침식 작용으로 만들어진 지형입니다. 시스택과 해식애는 앞에서 우리가 계속해서 봤던 해안 지형입니다. 숫돌바위, 부채바위, 촛대바위는 시스택이고, 한반도바위는 해식애입니다. 그리고 파랑에 의해 구멍이 뚫린 해안 동굴 해식동이 있지요. 삼형제굴바위에도 해식동이 있고, 부채바위와 동도 사이에도 조그만 해식동이 있습니다.

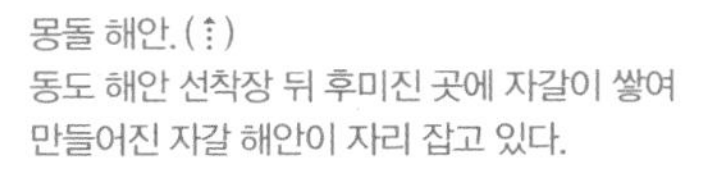

몽돌 해안. (↑)
동도 해안 선착장 뒤 후미진 곳에 자갈이 쌓여 만들어진 자갈 해안이 자리 잡고 있다.

해식동. (→)
파랑의 침식 작용으로 만들어진 해안 동굴이다.

파식대. (↓)
파랑의 침식 작용으로 형성된 평평한 대지이다.

타포니! 누가 독도에 구멍을 뚫은 것일까?

"여러분 이 절벽에 있는 구멍들은 어떻게 만들어진 것일까요?"

"새들이 집을 지으려고 판 것 같아요."

"돌이 박혀 있다가 떨어져 나온 것 같은데요."

누가 독도에 구멍을 뚫어 놓은 걸까요? 독도, 특히 동도 절벽에는 무수히 많은 구멍들이 숭숭 뚫려 있습니다. 미군이 폭격 연습장으로 사용할 때 뚫린 구멍일까요? 이렇게 벌레 먹은 것처럼 파인 바위를 타포니(taffoni)라고 합니다.

타포니.
벌레가 파먹은 듯한 지형으로 바닷물, 바람, 염분 등의 풍화 작용으로 구멍이 뚫린 것이다.

타포니라는 용어는 코르시카섬에서 '구멍투성이'라는 뜻으로 사용된 '타포네라(Tafonera)'에서 유래된 것입니다. 타포니는 바닷물과 바람에 의한 염(鹽)의 풍화 작용으로 형성된 풍화 지형입니다. 쉽게 말하면, 소금에 의해 잘게 부서지는 과정이라고 보면 됩니다. 우리 말로는 '풍화혈(weathering pit)'이라고 하기도 하고, '염풍화(salt weathering)'라고 하기도 합니다. 독도에 이러한 지형이 많은 가장 큰 이유는 독도의 암석 때문입니다. 타포니가 형성된 지역의 암석을 자세히 보면 자갈이 포함된 각력암입니다. 그래서 염풍화에 의해 자갈들이 쉽게 떨어져 나갈 수 있는 것입니다. 동도 해안 절벽뿐만 아니라 서도의 탕건봉 등에서도 타포니를 볼 수 있습니다. 타포니가 많은 독도는 풍화 지형을 자세히 관찰할 수 있는 학습장이자, 괭이갈매기를 비롯한 여러 조류의 훌륭한 서식지입니다. 괭이갈매기가 독도의 상징이 된 것은 아마 자연의 섭리가 아닐까 생각해 보게 됩니다.

구멍이 숭숭 뚫린 독도의 타포니는 괭이갈매기를 비롯한 각종 조류의 훌륭한 서식처가 된다.

독도에는 ○○가 있다, 없다

독도에 오면 섬의 크기 외에도 오기 전에 예상했던 것과는 다른 점이 많이 있습니다. 독도를 처음 방문하는 학생들에게 항상 던지는 질문이 있습니다.

"지금부터 두 가지 질문을 하겠습니다. '있다', '없다'로만 대답해 주세요. 첫 번째, 독도에서는 물을 구할 수 있다, 없다. 그리고 두 번째, 독도에는 분화구가 있다, 없다."

학생들은 저마다 다른 대답을 내놓고 그럴듯한 이유를 찾아냅니다. 첫 번째 질문의 정답은 '있다'입니다. 독도에서도 물을 구할 수 있습니다. 서도 탕건봉 밑 해변에 '물골'이라고 불리는 곳이 있습니다. 물골은 하루에 400L 정도의 물이 고이는 곳입니다. 섬이 무인도인지 아닌지를 파악할 때 가장 중요한 요인이 물입니다. 독도에서 물을 구할 수 있다는 것은 사람이 살 수 있다는 의미가 됩니다.

물골.
서도 탕건봉 아래 해변에 있는 자연 식수원이다.

독도수호대는 2004년 서울시 보건환경연구원에 물골의 수질 검사를 의뢰했습니다. 당시 46가지 항목 중 6가지 항목이 기준을 초과했습니다. 그 원인을 살펴보니, 해수

가 유입되고 동식물이 부패했기 때문이었습니다. 이후 물골 보호 대책이 논의되고 있습니다.

의용수비대가 이곳의 물을 마시면서 독도를 지켰다는 이야기가 있습니다. 이 이야기가 사실인지는 알 수 없으나, 빗물이 바위틈으로 스며들어 자연적으로 형성된 우물입니다.

두 번째 질문의 정답은 '없다'입니다. 독도에는 분화구가 없습니다. 동도에 천장굴이라고 불리는 거대한 굴이 수직으로 뚫려 있어서 예전에 천장굴이 독도의 분화구라고 알려진 적이 있었는데, 그것은 잘못된 것입니다.

천장굴.
독도의 분화구로 잘못 알려진 수직굴로, 침식 작용으로 만들어진 동굴이다.

동도 등대와 우산봉 사이에 위치한 천장굴은 오랜 침식 작용으로 생긴 자연굴로 지름이 25m에 달합니다. 그렇다면 화산섬인 독도에 분화구가 없을까요? 우리가 일반적으로 독도라고 부르는 곳에서는 분화구를 볼 수 없지만, 동해 바다 깊은 곳까지 살펴본다면 분화구의 흔적을 찾아볼 수 있을지도 모릅니다. 여러분이 독도의 분화구를 찾아보는 것은 어떨까요?

1. 동도의 지명 유래

지명	도서	지명 유래
닭바위	바위	닭이 알을 품은 형상을 하고 있는 바위
한반도바위	바위	북쪽에서 바라보면 한반도 형상과 닮아 붙여진 이름
독립문바위	바위	독립문 형상으로 독특한 모양의 바위
물오리바위	바위	물오리 서식지로서 현지 어민들에 의해 불리게 된 명칭
얼굴바위	바위	사람의 얼굴과 흡사한 모양의 바위
춧발바위	바위	갑, 곶 등 튀어나온 곳을 의미하는 현지 방언인 춧발을 딴 이름
부채바위	바위	남서쪽에서 바라보면 부채를 펼친 모양을 하고 있어 붙여진 이름
숫돌바위	바위	주민들이 생활할 당시 칼을 갈았다는 곳으로, 바위 암질이 숫돌과 비슷하여 붙여진 이름
천장굴	굴	침식에 의해 생긴 천장 동굴이라고 불린 데에서 유래
우산봉	봉우리	독도가 우산도라고 불린 것을 반영하여 붙여진 지명
대한봉	봉우리	대한민국 영토를 상징하며, '대한민국'을 줄여 붙인 지명
전차바위	바위	전차 형상으로 독특한 모양의 바위
해녀바위	바위	예전에 해녀들이 쉬었던 데에서 유래한 이름

2. 서도의 지명 유래

지명	도서	지명 유래
큰가제바위	바위	강치(가제)가 출현하는 장소로 현지 어민들의 구전에 의한 명칭
작은가제바위	바위	큰가제바위 오른쪽 작은 바위로 현지 어민들의 구전에 의한 명칭
지네바위	바위	'이진해'라는 어민이 미역을 채취하던 바위(진해⇒지네)
탕건봉	봉우리	서도 북쪽에 위치, 봉우리 형상이 탕건을 꼭 닮아 붙여진 이름
김바위	바위	독특한 모양에 대한 일관된 명칭(구전으로 김은 해태를 의미)
삼형제굴바위	바위	동굴의 입구가 3개로 되어 있으며, 3개의 동굴을 아우르는 명칭으로 현지 어민들의 구전에 의한 명칭
미역바위	바위	어민들이 미역채취를 많이 했던 바위
촛대바위	바위	독특한 모양에 대한 명칭으로 권총바위라고도 불렀음
보찰바위	바위	보찰은 거북손으로 따개비와 유사한 서식 해산물
코끼리바위	바위	코끼리가 물을 마시는 형상의 독특한 모양의 바위
넙덕바위	바위	현지 어민의 구전으로 전하는 넙덕바위
군함바위	바위	군함과 같은 독특한 모양으로 현재 어민들의 구전에 의한 명칭
물골	골짜기	서도의 봉우리에서 북서 방향으로 해안과 접하는 지점에 1일 400리터 정도의 물이 고이는 곳

우리의 이름을 지어 주세요

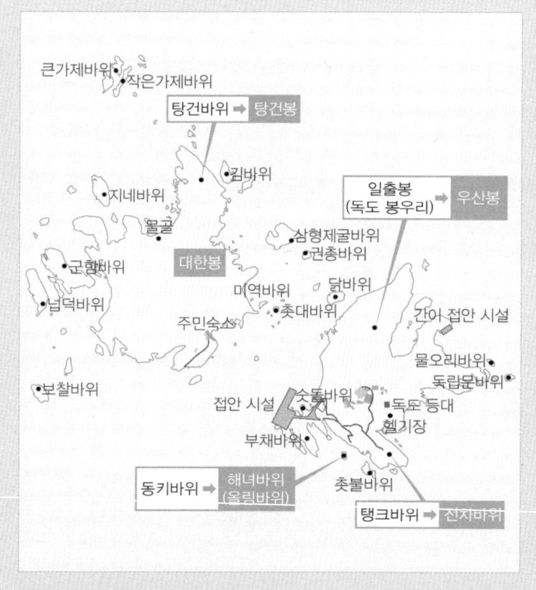

부속 도서와 봉우리의 새 이름

독도에는 여러 부속 도서가 있습니다. 이들의 이름은 언제 정식 명칭이 되었을까요? 가장 먼저 독도는 1961년, 2000년에 '동도'와 '서도'가 이름을 얻게 되었습니다. 그리고 2006년에 '코끼리바위'와 '독립문바위', '한반도바위' 등 22개의 이름이 지어졌습니다. 바위들은 정식 이름을 얻기까지 여러 가지 별명을 가지고 있었습니다.

별명 중에는 좋은 별명도 있지만 싫은 별명도 있죠? 독도의 부속 도서 중에도 그런 별명을 가진 것들이 있는데, 대표적인 예가 해녀바위입니다. 이 바위는 이전에 '동키바위'라는 별명이 있었는데, 동키는 '기계 장치'라는 뜻의 일본어입니다. 비슷한 예로 전차바위의 별명은 탱크바위였는데, 일본어나 외래어로 된 이름은 자제하고 '춧발'이나 '넙덕', '보찰' 등의 방언은 존중하려는 의미에서 부속 도서들이 정식 명칭을 갖게 된 것입니다.

그리고 2012년에 독도의 봉우리가 새 이름을 갖게 되었습니다. 동도의 봉우리 이름을 '우산봉(해발 98.6m)', 서도의 봉우리 이름을 '대한봉(해발 168.5m)'으로 결정하게 되었습니다. 동도의 봉우리 우산봉은 조선 시대 독도의 이름을 딴 것이며, 서도의 봉우리 대한봉은 독도가 명확히 대한민국 영토라는 점을 상징하기 위한 것입니다.

제4장

독도의 생물과 자원

독도의 안주인, 괭이갈매기

독도에 도착하자마자 "끼룩끼룩~ 끼룩끼룩~" 사방에서 울어 대는 괭이갈매기가 방문객들을 반겨 줍니다. 마치 '반가워, 어서 와!'라고 인사하는 것처럼 들립니다. 반갑게 건네는 인사 소리가 너무나도 커서 독도가 외로울 거라는 생각이 전혀 들지 않을 정도입니다.

괭이갈매기는 독도에 가장 많이 서식하고 있는 생물입니다. 그래서 괭이갈매기를 독도의 안주인이라고 부르기도 합니다. 안주인의 첫인상은 긴 부리가

동도와 서도 위를 유유히 날아다니는 괭이갈매기들의 향연

괭이갈매기

있어서 무섭게 쪼아 댈 것 같은 모습이지만 자세히 보면 멋을 아는 신사의 모습입니다. 노란색 부리 앞쪽은 립스틱을 바른 듯 검고도 빨간빛을 띱니다. 머리부터 꼬리까지 하얀색 깃털을 덮고, 날개는 검은색 정장을 차려입은 듯합니다. 더 멋이 나는 건 노란색 부츠를 신은 것 같은 다리입니다. 이런 멋진 모습을 한 신사에게 그 누가 빠지지 않을 수 있을까요?

사실 독도를 대표하는 생물인 괭이갈매기는 울음소리가 고양이를 닮았다고 하여 붙여진 이름입니다. 괭이갈매기에 대해 좀 더 알아볼까요? 학명은 Larus crassirostris, 도요목 갈매깃과에 속하는 새입니다. 괭이갈매기는 붉은부리갈매기, 재갈매기, 큰재갈매기, 갈매기, 검은머리갈매기, 목테갈매기, 세가락갈매기 등의 많은 갈매기 종류 중 하나입니다. 이 모든 갈매기를 우리나라에서도 볼 수 있습니다. 하지만 괭이갈매기는 우리나라 갈매기 중 유일한

텃새이며, 우리나라의 바닷가 어디에서든 쉽게 볼 수 있습니다. 몸길이가 약 42~47cm나 될 정도로 크며, 일부일처제이고 한 번에 4~5개 정도의 알을 낳습니다. 괭이갈매기는 우리나라뿐 아니라 일본, 연해주 등 동북아시아 전 지역에서 볼 수 있습니다.

독도에 사는 동물과 식물 친구들

동해 한가운데 자리 잡은 독도에는 수많은 생물들이 서식하고 있습니다. 독도의 안주인 격인 괭이갈매기 외에도 바다제비, 슴새 등 여러 조류가 거대 집단을 이루고 있으며, 이곳의 풍부한 먹을거리를 찾아 많은 철새들이 들르는 곳입니다. 우리나라에서는 독도의 자연 생태계를 문화재 보호법에 따라 천연기념물로 지정하였고, 희귀 동식물 보호를 위해 환경부는 독도를 '특정 도서'로 지정하였습니다.

독도를 일컬어 섬생물지리학(island biogeography)의 주요 주제라고 이야기 합니다. 섬생물지리학이라니, 도대체 무슨 뜻일까요? 세계적인 생물학자이자 하버드 대학교의 교수인 에드워드 윌슨(Edward Wilson)은 두 번이나 퓰리처상을 수상한 것으로도 잘 알려져 있습니다. 그가 1960년대에 제안한 이론 중 '섬생물지리학 이론(The Theory of Island Biogeography)'이 있습니다. 간단히 설명하면, 고립된 섬은 그 자체로서나 철새들의 이동 경로로서 생물의 다양성 보전에 중요하다는 점을 강조한 이론입니다. 동해 한가운데 자리 잡은 독도는 섬생물지리학적으로 중요한 역할을 담당하고 있습니다. 과연 어떤 역할일까요? 첫째, 독도는 철새들의 이동 경로상 일종의 구원섬(rescue island) 역할을 하고 있습니다. 구원섬은 철새들의 이동 경로에서 피난처가 되거나 쉬어 가는 곳을 말합니다. 둘째, 독도는 다른 섬들과 비교할 때 단순화된 서식지 역할을 하고 있습니다. 그래서 주변 지역에 비해 생물학적 특수성이 더 높다

삽살개

고 할 수 있습니다.

"여러분, 독도에는 어떤 동물이 있을까요?"

"호랑이, 토끼, 사슴 …"

독도에 야생 포유동물은 없습니다. 다만, 독도 경비대에서 키우고 있는 삽살개를 볼 수 있습니다. 독도의 동물은 주로 괭이갈매기를 비롯하여 바다제비, 슴새, 황조롱이, 물수리, 노랑지빠귀, 흰갈매기, 흑비둘기, 까마귀 등의 조류입니다. 그 밖에 잠자리, 집게벌레, 메뚜기, 나비 등의 곤충류가 서식하고 있습니다.

"독도에는 어떤 식물이 자라고 있을까요?

하지만 계절의 변화에 따라 녹색을 띤 모습도 볼 수 있습니다. 독도는 절벽과 경사가 많아 토양층이 발달하지 못했고 수분도 부족합니다. 따라서 큰 식물들은 보기 어렵고, 환경에 맞는 50~60종의 식물들이 서식하고 있습니다.

초본 식물에 속하는 민들레, 괭이밥, 섬장대, 해국, 번행초, 쑥, 쇠바름, 명아주, 질경이, 개머루, 닭의장풀, 까마중 등이 있습니다. 이 중 괭이밥, 개머루, 닭의장풀, 까마중 등과 같은 일부 식물들은 사람들의 왕래를 통해 육지에서 들어오게 된 것이랍니다. 여러해살이풀인 땅채송화는 바닷가의 햇빛이 잘 드는 바위틈이나 절벽지에서 자라고, 괭이밥은 길가에서 흔히 자랍니다. 목본류에는 바닷가에서 자라는 소나무라고 해서 이름 붙여진 '해송'이라는 별칭을 가진 곰솔을 비롯하여 섬괴불나무, 붉은가시딸기, 줄사철나무, 동백나무 등이 있습니다.

독도는 1982년에 천연기념물 제336호로 지정되었고, 생물학적인 가치를 인정받아 같은 해 11월 16일 '독도 해조류 번식지'로 지정되었습니다. 독도의 생물학적·지질학적 가치가 높아지면서 1999년에는 '독도 천연 보호 구역'이 되었습니다.

❶ 강아지풀, ❷ 괭이밥, ❸ 해국, ❹ 왕해국, ❺ 번행초, ❻ 땅채송화

동해 바다로 떠나는 여행, 독도의 해양 생물을 만나다

독도 주변의 바다 생물을 알아보기 위해서는 가장 먼저 이곳 바다에 난류가 흐르는지 한류가 흐르는지를 알아야 합니다. 독도 바다는 구로시오 해류에서 분리된 동한·쓰시마 난류와 리만 해류에서 분리된 북한 한류가 만나 조경 수역(潮境水域)을 이룬답니다. 조경(潮境)이라는 한자는 조수의 경계를 말합니다. 즉 난류와 한류의 경계를 말하는 것이죠. 한류와 난류가 만나면 밀도가 높은 한류가 난류 아래쪽으로 이동하게 됩니다. 이렇게 되면 하층의 인산염·규산염·질소 화합물 등 영양염이 상층으로 운반되고, 발산으로 용존 산소량이 많아져서 클로로필(엽록소, chlorophyll)과 식물성 플랑크톤이 풍부해지게 됩니다. 따라서 독도 수역에 난류성 어족과 한류성 어족이 많이 모이게 됩니다. 어류에는 오징어, 꽁치, 방어, 복어, 전어, 붕장어, 가자미, 도루묵, 임연수어, 조피볼락 등이 있습니다. 패류에는 소라, 전복, 홍합 등이 있고, 해조류에는 미역, 다시마, 김, 우뭇가사리, 톳 등이 있습니다.

입이 커서 먹성이 좋다는 대구(大口)는 한류성 어종이지만 지나친 남획으로 동해안과 남해안에서 거의 사라졌습니다. 대구로 유명한 남해안 지역에서 수정란과 치어를 방류하면서 동해안에서 회유하다가 3~4년 후 돌아와야 하지만, 동해안의 자망에 걸려 죽는 경우가 많은 것도 대구가 사라진 원인 중 하나입니다.

산지인 명천의 '명(明)' 자와 어획한 어주의 성 '태(太)' 자가 합쳐진 이름인

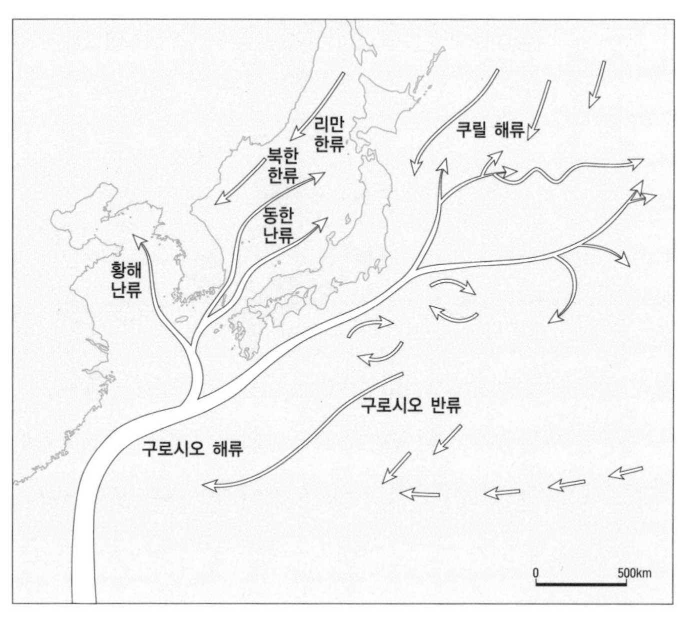

우리나라 주변 해류
1. 북동대서양 어장
- 동그린란드 해류와 북대서양 해류
2. 북서태평양 어장
- 쿠릴 한류와 구로시오 난류
- 세계 제1의 어획량을 자랑
3. 북서대서양 어장
- 래브라도 한류와 멕시코 만류
4. 북동태평양 어장
- 캘리포니아 해류(한류 지역)

명태(明太)는 대표적인 한류성 어종입니다. 1970~1980년대까지만 해도 울릉도와 독도 등의 동해안에서 연간 8만~16만 톤 정도를 잡았습니다. 그러나 2000년 이후 수요 증가에 따른 남획이 증가하고 지구 온난화에 따른 수온 상승으로 최근에는 거의 자취를 감추었습니다. 심지어 수산과학원에서 인공 수정을 하기 위해 포상금까지 걸었으나, 살아 있는 명태를 잡은 사람은 거의 없었습니다.

동해의 선물, 해양 심층수를 마셔라!

독도 가까운 바다에 또 다른 선물이 있습니다. 바다가 준 깨끗한 물인 해양 심층수입니다. 해양 심층수, 한 번쯤은 들어 본 적이 있을 겁니다. 해양 심층수를 이용한 생활용품을 다양하게 볼 수 있으니까요. 혹시 해양 심층수라고 쓰인 물을 마시면서 '해양 심층수가 뭐지?' 하는 궁금증은 없었나요? 해양 심층수(海洋深層水)란 한자 그대로 바다 깊은 곳에 있는 물입니다. 좀 더 구체적으로 설명하자면, 해수면 가까이에서 강수나 풍랑, 증발 등의 영향을 많이 받는 표층수(表層水)의 아래에 위치한 바다층입니다. 표층수와는 달리 태양광이 도달하지 않는 수심 200m 정도 아래에 존재하는 층으로, 수온이 항상 2℃ 이하를 유지합니다.

그렇다면 이런 해양 심층수는 어떻게 만들어지는 것일까요? 태평양과 대서양, 인도양 등 전 세계를 순환하는 바닷물이 북대서양 그린란드나 남극 웨들해의 차가운 바다에서 만나 해양 심층수가 만들어집니다. 일반적인 심층수는 그린란드에서 시작하여 2000년이라는 시간을 주기로 대서양과 인도양, 태평양을 순환하는 물 자원을 말합니다. 결국 한곳에 머무르는 것이 아니라 전 세계를 순환하는데, 이렇게 순환하던 바닷물이 다시 그린란드의 빙하 지역에 도착하면 매우 차가워지면서 비중이 아주 커지게 됩니다. 이렇게 비중이 커진 물은 표층수 아래 수심 200m 이상의 지점에 이르게 됩니다.

초등학교 과학 시간에 물이 담긴 비커에 기름을 부어 서로 혼합되는지 알

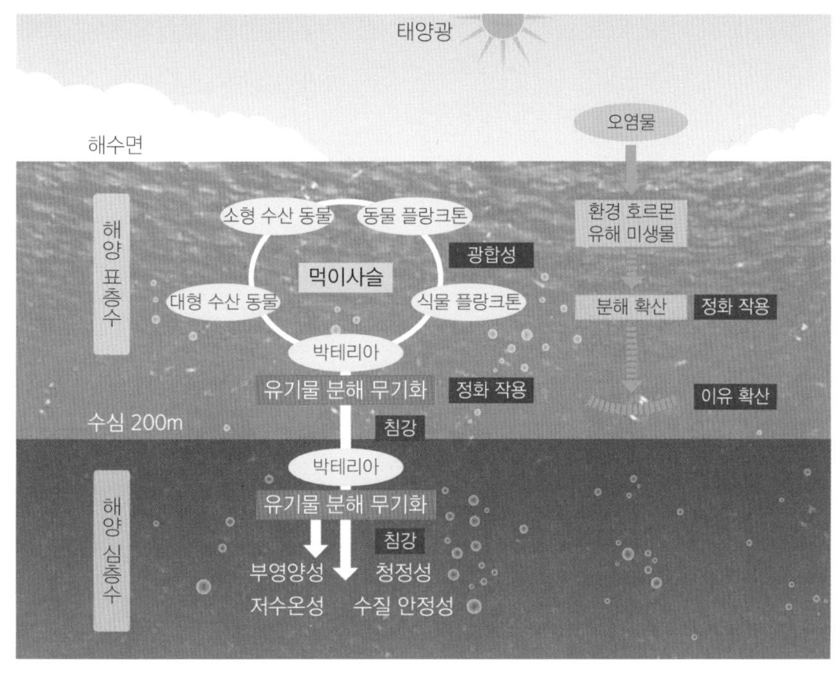

해양 심층수와 해양 표층수의 원리.
해양 심층수는 대략 수심이 200m 이하인 지점으로 수온이 항상 2℃ 이하를 유지한다.

아보는 실험을 해 본 적이 있을 겁니다. 물과 기름이 잘 섞이던가요? 둘은 밀도 차이가 커서 서로 섞이지 않죠. 심층수도 마찬가지입니다. 상대적인 수온과 염분의 차이는 밀도에서 만듭니다. 이 때문에 표층수와 뚜렷한 경계를 이루게 되는데, 항상 2℃ 이하의 차가운 수온과 깊은 수심 때문에 광합성 활동도 없고, 유기물의 번식도 없으며, 하천이나 바다에서 유입된 오염 물질도 이곳까지 내려오지 못하게 됩니다. 그래서 이 물은 무척 깨끗하고, 미네랄과 질소, 인, 규소와 같은 영양 염류가 매우 풍부합니다.

"선생님, 그런데 그린란드 물이 어떻게 동해로 들어와요? 지도를 보면 동해가 그린란드에서 오는 해류까지 들어오기에는 좁아 보이는데요."

동해 심층수 분포 현황 및 순환도

"아주 훌륭한 질문이에요. 동해는 한반도와 러시아, 일본 열도 등으로 둘러싸여 있죠. 그래서 그 사이에 해류가 유입되는 해협의 폭이 굉장히 좁아 주변 바다와 심층수가 교환되는 양이 매우 적을 수밖에 없어요. 동해의 경우 심층수가 자체적으로 형성되기도 하고, 순환하거나 변형되기도 합니다. 일부 학자들은 부존량도 매우 많은 동해의 심층수를 '동해 고유수'라고 부릅니다. 내부 순환 주기는 300~700년 정도라고 합니다."

우리나라에서 심층수를 개발하기 시작한 것은 2001년부터입니다. 정부를 중심으로 강원도 고성군 앞바다에서 진행되던 연구가 2005년에는 해양 심층수 연구 센터를 세우는 데 이르게 됩니다. 2004년에 강릉 정동진, 동해 추암, 속초 외옹치, 울릉도 저동 등 네 개 지역을 해양 심층수 취수 해역으로 지정하였고, 2008년에는 고성과 양양을 포함하였으며, 울릉도에 태하와 현포를 추가로 지정하였습니다. 울릉도의 경우, 독도와의 연관성 때문에 적극적으로 지원받아 2013년에 울릉도·독도 해양 연구 기지를 세우게 되었습니다. 해양 심층수 개발뿐만 아니라 해양 자원 조사와 연구 지원, 독도바다사자 등 해양 생물과 해저 미생물 등의 서식 환경 연구도 함께 진행합니다. 해양 심층수는 음료 외에 주류, 식재료, 미네랄 소금, 세안제 및 화장품 등의 제품을 만드는 데 사용되고 있습니다.

얼음이 불에 탄다? 불타는 얼음, 가스 하이드레이트

"여러분, 불타는 얼음이 있다는 이야기를 들어 본 적이 있나요?"

"얼음이 불에 탄다고요? 어떻게 얼음이 불에 탈 수 있죠?"

불타는 얼음(fire ice)의 정식 명칭은 천연가스 하이드레이트(Gas Clathrates 또는 Gas hydrates)입니다. 성분 중에는 메테인가스가 있어서 메테인가스 하이드레이트라고도 부르며, 줄여서 가스 하이드레이트 또는 메테인 하이드레이트로 부르기도 합니다. 주체 분자인 물 분자들이 수소 결합을 통해 형성되는 3차원의 격자 구조에 객체 분자인 저분자량의 가스 분자들(CH_4, CO_2, H_2S 등)이 화학 결합 없이 물리적으로 포획되어 있는 결정성의 화합물입니다. 쉽

하이드레이트 탐사의 방법.
초음파로 해저 지층을 탐사하거나 시추공을 뚫어 가스 하이드레이트의 존재 유무를 탐사한다.

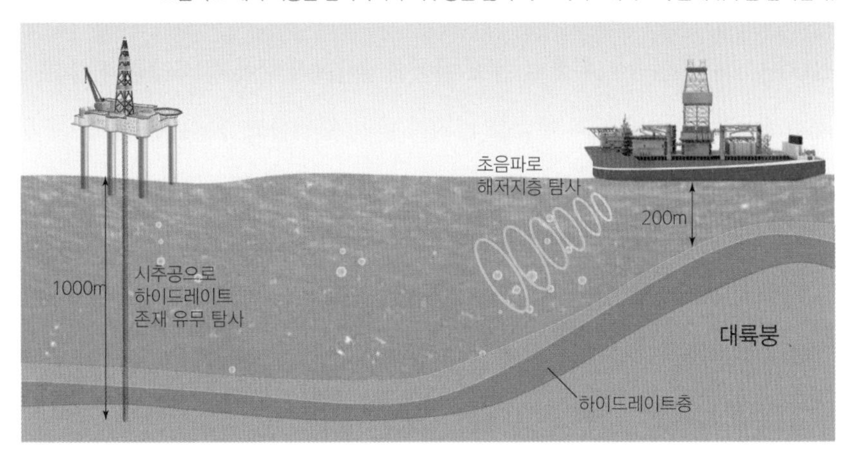

게 설명하면, 영구 동토와 심해저의 저온(0℃ 이하), 약 30기압 이상의 높은 압력 상태에서 물과 메탄이 결합된 얼음 형태의 고체 화합물을 말하는 것입니다.

가스 하이드레이트는 기원에 따라 생물 기원과 열 기원의 가스 하이드레이트로 구분됩니다. 생물 기원은 주로 바다의 가장 깊은 곳인 심해저의 퇴적층에서 박테리아에 의해 유기물이 분해될 때 생성되는 가스와 물이 반응해 가스 하이드레이트가 만들어지는 것입니다. 열 기원은 압력과 온도가 높은 심부에서 세립질 암석에 포함되어 있는 유기물이나 석탄과 석유가 오랫동안 열 작용을 받아 에탄, 프로판, 부탄 등의 탄화수소 화합물들이 물과 반응해 가스 하이드레이트로 전환되는 것입니다. 따라서 가스 하이드레이트는 연중 0℃ 이하인 영구 동토층과 심해저에서 발견됩니다. 가스 하이드레이트가 안정적으로 보존되는 범위는 영구 동토층 200~1000m, 심해저 1200~1500m입니다.

그런데 독도 이야기를 하면서 가스 하이드레이트 이야기를 하는 이유는 무엇일까요? 그것은 이 불타는 얼음이 독도 주변 바다에 많이 매장되어 있기 때문입니다. 그 양은 약 6억~10억 톤으로 한국이 앞으로 30~50년간 사용할 수 있을 정도이며, 돈으로 환산하면 약 250조 원에 달합니다. 우리나라에서도 2000년부터 정부의 지원으로 가스 하이드레이트가 함유된 사암층의 표본을 채취하였고, 2017년 해저 지층을 파괴하지 않고 생산할 수 있는 기술을 개발하였습니다.

전 세계 가스 하이드레이트의 매장량은 전 세계 석탄, 석유, 천연가스 등을 모두 합친 탄소 에너지의 2배 이상으로 추정하고 있습니다. 차세대 청정에너지 자원으로 주목받으면서 일본, 미국, 중국, 인도 등은 이미 특별법까지 제정해 탐사와 시추 기술 개발을 진행하고 있습니다. 일본이 독도의 영유권을 주

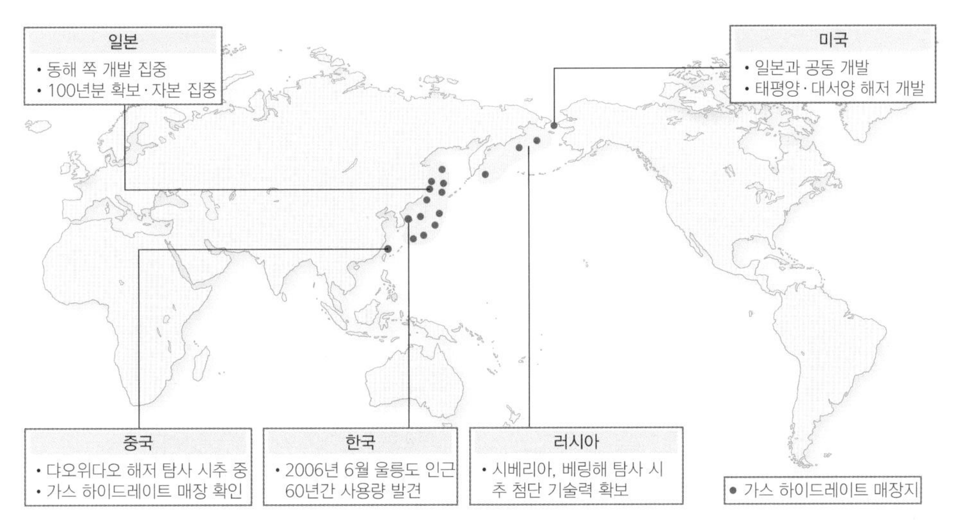

전 세계 가스 하이드레이트 매장지와 개발 경쟁 중인 국가들

장하는 것도 독도 주변의 해양 자원을 확보하는 것과 관련이 있습니다.

해양 영토 대국으로 불리는 일본은 가스 하이드레이트 개발과 채굴 기술에서 가장 앞서 있습니다. 이는 일본의 동쪽 태평양 지역에 많은 양의 가스 하이드레이트가 매장되어 있는 것으로 밝혀졌기 때문입니다. 2013년 일본은 세계에서 가장 먼저 해저에 매장된 가스 하이드레이트에서 천연가스를 추출하는 데 성공하였습니다. 현재, 난카이 해역에서는 시추 시설을 이용하여 천연가스를 시험적으로 생산하고 있는 상황입니다. 이 일대의 가스 하이드레이트 매장량은 일본에서 한 해 소비되는 에너지양의 12배 정도가 됩니다.

가스 하이드레이트를 생산하는 방법에는 온도를 높이는 열수주입법, 압력을 낮춰 주는 감압법, 그리고 가스만 뽑아내는 치환법이 있습니다. 일본에서 시험적으로 생산하는 방식은 이미 영구 동토층에서 시험 생산에 성공했던 감압법입니다. 수심 500m 해저 바닥에서 드릴을 이용해 수심 1000m까지 해저

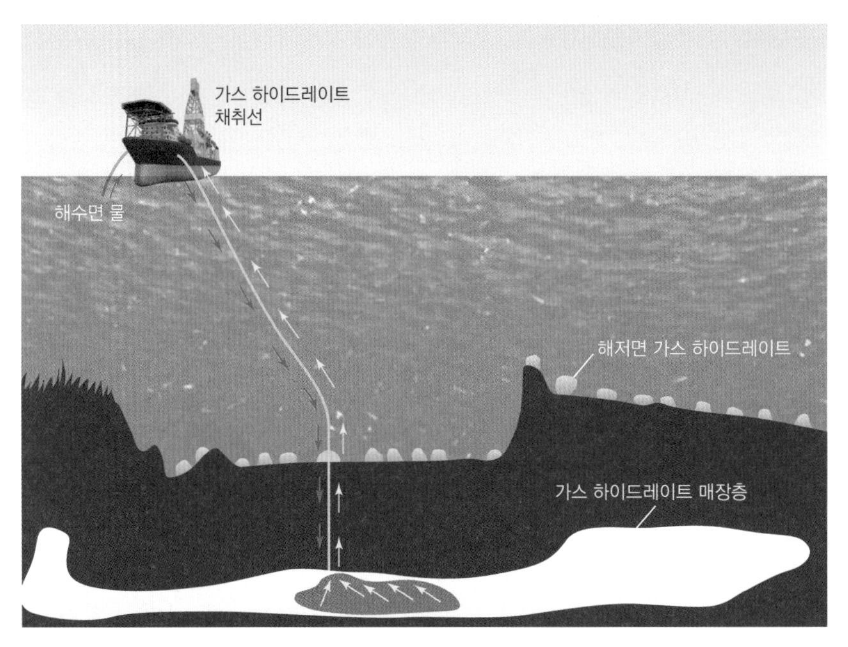

치환법.
메탄이 있던 자리에 다른 기체를 밀어 넣으면서 메탄을 뽑아 올리는 기술이다.

지각을 뚫고 들어간 후, 시추공 내부의 물을 뽑아내어 지층의 압력을 낮추는 것입니다. 이때, 압력이 적정 단계로 떨어지면 가스 하이드레이트가 녹으면서 가스와 물이 분리되기 때문에 추출할 수 있는 상태가 되는 것입니다. 그런데 이 방법은 심각한 문제점이 있습니다. 왜냐하면, 지층 사이에 있는 가스 하이드레이트가 녹으면서 지반이 약해져 붕괴할 수 있기 때문입니다. 이렇게 되면 지진과 해일이 발생할 수 있기 때문에 공학자들은 치환법을 이상적인 방법으로 제시하고 있습니다.

치환법은 메탄이 있던 자리에 다른 기체를 대신 밀어 넣어 가스 하이드레이트 구조를 파괴하지 않고도 메탄을 뽑아 올리는 기술입니다. 이 방법은 에너지원인 메탄을 생산하면서 동시에 화석 연료 부산물인 이산화 탄소를 바닷속에 저장할 수 있는 가장 이상적인 기술입니다. 2013년에 다국적 석유 기업인 코노코필립스와 미국 에너지부, 그리고 일본의 공동 연구진이 알래스카의 영구 동토층에서 시험 생산을 진행하였습니다. 물론, 기존의 이산화 탄소뿐만 아니라 질소도 함께 주입했습니다. 가스 하이드레이트는 물의 구성 요소인 산소 원자 사이의 수소 결합으로 여러 개의 작은 방이 벌집처럼 모여 있고, 방마다 메탄이 하나씩 들어 있는 구조입니다. 큰 방과 작은 방의 비율이 3:1인데, 메탄보다 덩치가 큰 이산화 탄소는 큰 방에만 들어갈 수 있기 때문에 작은 방의 메탄을 밀어내기 위해 질소를 함께 넣는 것입니다. 이산화 탄소와 질소를 함께 넣을 경우 메탄가스 생산율이 65%에서 85%까지 올라가게 됩니다.

그런데 아직은 심해저의 가스 하이드레이트가 골칫거리로 더 알려져 있습니다. 왜냐하면, 천연가스와 원유를 파이프로 이송할 때 가장 유의해야 할 것이 바로 가스 하이드레이트가 생기는 것이기 때문입니다. 가스 하이드레이트는 이송 파이프를 막는데, 가스 하이드레이트는 고압, 저온 조건에서 가스 분자가 물 분자와 결합해 얼음 형태로 존재하는 고체 화합물이기 때문에 이송 파이프를 막으면 심각한 사고를 일으킵니다. 그래서 이를 방지하기 위해 수송관 내 원유에 메탄올을 20~30%만큼 넣어 가스 하이드레이트 생성을 억제시키고 있습니다.

가스 하이드레이트를 상용화하기 위해서는 넘어야 할 산이 많습니다. 메탄을 분리하고 방출하는 과정을 확실히 제어하지 못할 경우에는 화석 연료보다 10배 이상 심각한 온실 효과가 발생할 수 있기 때문입니다.

독도 바닷속 불타는 얼음

'불타는 얼음(fire ice)'이라는 별칭을 가진 가스 하이드레이트는 부피보다 170배 정도나 되는 가스를 포함하고 있어 화석연료를 대체할 에너지 자원으로 주목을 받고 있습니다. 주로 영구 동토층과 심해저층에 분포하는데, 전 세계 고르게 분포되어 있어 영역 분쟁을 겪고 있는 지역에서는 이로 인한 갈등이 더욱 부각되고 있습니다. 문제는 현재 원유 최대 수입국인 동아시아 지역의 국가들입니다. 미국의 에너지청인 EIA의 2012년 자료에 의하면 중국은 세계 2위, 일본은 세계 3위, 한국은 세계 5위의 원유 수입국입니다. 천연가스의 수입은 일본이 세계 1위, 한국은 세계 2위입니다. 한국은 비롯한 중국, 일본 동아시아 국가들이 에너지 수입 의존도를 낮추려 한다면 가스 하이드레이트 개발은 필수적입니다. 독도 부근에 가스 하이드레이트가 약 6억 톤 매장되어 있는데, 이는 우리나라가 200년 이상 사용할 수 있는 천연가스의 양과 맞먹습니다. 일본은 근해 지역에서 이미 시범 생산 중이지만, 우리나라는 동해 해저 깊은 곳에 있어 일본 시범 생산 지역보다 1000m 아래이고, 더불어 지반도 진흙층이어서 배관이 막힐 위험이 있습니다. 시뮬레이션 결과, 아직까지 경제성이 없어 추후에 개발할 예정입니다.

제5장

독도를 담은 역사서와 지리서

독도의 이름을 찾아서

서울의 이름을 보면 시대에 따라서 이름이 여러 번 바뀐 것을 알 수 있습니다. 그렇다면 독도는 어땠을까요? 예전부터 독도라는 이름으로 불렸을까요? 독도도 서울과 마찬가지로 우리 역사 속에서 여러 번 이름이 바뀌었습니다. '독도'라는 이름의 역사는 그리 오래되지 않았습니다. 19세기부터 독도라고 불렀는데, 신기하게도 우리의 '독도(獨島)'라는 명칭이 처음 등장하는 문서는 일본에서 발견되었습니다. 그것은 1904년 일본 군함 니타카호의 항해 일지입니다. 이 문서에는 "한인은 리앙쿠르암을 '독도(獨島)'라고 쓰며, 일본 어부 등은 생략하여 '량코도'라고 호칭한다."라고 기록되어 있습니다.

독도라는 이름의 유래에 대해서는 두 가지 설이 있습니다. 하나는 독도의 모양이 마치 독(항아리)을 엎어 놓은 것 같기 때문에 독섬으로 부르게 되었다는 설입니다. 다른 하나는 돌의 방언이 독이기 때문에 돌섬이라는 의미로 독섬이라고 부르게 되었다는 설입니다. 우리말 '돌' 또는 '독'을 한자로 '石' 또는 '獨'으로 표기한 예가 많습니다. 그래서 일반적으로 독도는 돌섬이라는 뜻으로 받아들여지고 있습니다. 독도(獨島)를 한자 그대로 풀이하면 혼자라는 의미의 '독(獨)'과 섬을 뜻하는 '도(島)'의 합성어로 '외로운 섬'처럼 느껴질 수도 있습니다. 독도의 독(獨)은 비슷한 소리를 가진 한자를 빌려 쓰는 가차(假借)어인 셈입니다. 뒤에서 이야기하겠지만, 일본 사람들은 독도(獨島)라는 의미를 있는 그대로 '하나의 섬'이라는 의미로 해석하여 독도는 울릉도나 죽도를 뜻한다고 주장하고 있습니다.

이제 과거에는 독도를 어떤 이름으로 불렀는지 알아보기로 하겠습니다. 사실, 독도의 역사를 이야기할 때 울릉도를 빼놓고서는 설명할 수가 없습니다. 거리가 가까웠던 만큼 독도와 울릉도는 역사 속에서 함께 존재해 왔다고 할 수 있습니다. 오랜 역사의 흐름과 함께 독도는 우산도, 삼봉도, 가지도, 석도, 독도 등으로 불려 왔습니다. 아래의 표를 보고 그 뜻을 하나씩 살펴보도록 하겠습니다.

우리나라의 영토 '독도'를 다른 이름으로 부르는 국가들이 있습니다. 1849년 프랑스 포경선 리앙쿠르호가 독도를 목격했는데, 자신들이 타고 온 배의 이름을 따서 '리앙쿠르암(Liancourt Rocks)'이라고 불렀습니다. 영국에서는 '호넷암(Hornet Rocks)', 러시아에서는 '메넬라이-올리부차(Menelai-Olivutsa)'라고 저마다 다른 이름을 불렀습니다. 잠시 생각해 보세요. 지금도 일부 국가에서는 우리 땅 독도를 '리앙쿠르암'이라고 부릅니다.

기분이 상하는 일은 '암(Rocks)'이라고 부르는 것입니다. 서양인들은 우리

시기별 독도의 명칭

명칭	시기(년)	유래
우산도 (于山島)	512	'우산'은 울릉도에 있었던 고대 소국 우산국에서 비롯된 명칭으로, 높은 산 또는 높은 지대라는 뜻을 가지고 있다. 『세종실록』「지리지」, 『동국여지승람』 등의 옛 문헌을 보면 독도를 '우산'으로 불렀음을 알 수 있다.
가지도 (可支島)	1794	'가지도'는 독도에 가지어(강치)가 많이 서식한 데서 유래한 이름이다. 독도의 서도 북서쪽에 '가제바위'라 불리는 바위가 같은 의미이다.
석도 (石島, 돌섬)	1900	'석도'라는 명칭은 1900년 대한제국 칙령 제41호에 등장한다. 이는 돌섬을 의미하는 사투리 '독섬'의 뜻을 취하여 한자로 표기한 것이다.
독도 (獨島)	1906	독도는 울릉도 이주민들이 부른 '독섬'을 한자로 표기하였다. 주로 민간에서 불리다가, 공식적으로는 1906년 심흥택의 보고서에서 처음 나타난다.

국가별 독도의 명칭

국가	명칭	유래
일본	다케시마(竹島)	1667년부터 울릉도를 다케시마(竹島, 죽도)로 불렀고, 독도를 마쓰시마(松島, 송도)라고 불렀다. 그러다가 1905년 2월 독도를 불법적으로 편입하면서부터 독도를 다케시마(竹島, 죽도)라고 불렀다.
프랑스	리앙쿠르암(Liancourt Rocks)	1849년 프랑스 포경선 리앙쿠르호가 동해의 독도를 발견하고, 타고 온 배 이름을 따서 리앙쿠르암이라는 이름을 붙여 본국에 보고하였다. 이후, 세계 지도와 수로지에는 '리앙쿠르 암'이 독도의 서양 명칭으로 사용되었다.
러시아	메넬라이-올리부차암(Menelai-Olivutsa Rocks)	1854년 러시아 함선이 동해에서 독도를 발견한 후, 배이름을 따서 동도를 '메넬라이', 서도를 '올리부차'라고 불렀다.
영국	호넷암(Hornet Rocks)	1855년 영국 기선 호넷호가 동해를 항해하던 중 독도를 발견하고 붙인 이름이다.

나라에서 오랫동안 섬으로 불러 왔던 독도를 자신들 마음대로 섬이 아닌 바위, 즉 암초를 말하는 '록스(Rocks)'라고 붙인 것입니다.

일본에서는 독도를 마쓰시마(송도, 松島)로, 울릉도를 다케시마(죽도, 竹島)로 불러 왔습니다. 17세기 후반부터 일본인들은 울릉도, 독도로 건너오는 것을 금지하면서 독도와 울릉도의 이름에 혼란을 겪고, 울릉도와 독도의 이름을 바꿔 부르기까지 합니다. 울릉도를 마쓰시마라고 불렀고, 독도를 서양인들이 불렀던 '리앙쿠르암'에서 가져와 '량코도'라고 불렀습니다. 1905년에는 독도를 다케시마(죽도)로 부르기 시작하였습니다. 울릉도에 대나무가 많다고 해서 붙인 이름인데, 다케시마 즉 죽도(竹島)는 독도와 전혀 어울리지 않습니다.

"여러분들은 독도로 떠나기 전에 가장 먼저 무엇을 했나요?"

"저는 독도에 대한 책을 읽어 봤습니다."

"인터넷에서 독도를 찾아봤어요."

"독도에 관한 자료가 다양하다는 것을 확인했을 거예요. 책이나 인터넷에서 찾은 자료들은 어떻게 구분할 수 있을까요?"

"옛날 자료랑 최근 자료요."

"그림으로 된 자료랑 글로 된 자료로 구분할 수도 있을 것 같아요."

"예, 모두 맞습니다. 옛날 자료와 최근 자료를 살펴보면, 어떤 일이 있었고 어떻게 달라졌는지 확인할 수 있을 거예요. 또 글로 설명하는 자료는 여러 가지 현황을 자세히 알 수 있게 해 주는 장점이 있고, 그림으로 된 자료는 이해하기 쉽고 한눈에 볼 수 있다는 장점이 있다는 것을 확인할 수 있을 것입니다."

실내 조사.
독도 답사에 앞서 관련 자료를 찾아보고 있다.

옛날 자료부터 살펴봅시다. 일정한 지역의 특성을 체계적으로 기술한 자료를 지리지라고 한다면, 지구의 표면 상태를 일정한 비율로 줄여서 그린 자료는 지도라고 합니다. 각각의 예를 들면, 이중환의 『택리지』는 지리지이고, 김정호의 『대동여지도』는 지도입니

다. 이와 같은 자료에 대해서 알아봅시다.

"독도는 언제부터 우리 땅이었을까요?"

"지증왕 십삼 년 섬나라 우산국."

"맞아요, 독도는 우리 땅의 노랫말이지요? 그럼 지증왕 십삼 년은 어떤 시대, 어느 나라였나요?"

"삼국 시대, 나라는 신라요."

"그러면 우산국은 어디를 말하는 걸까요?"

"독도요!"

"맞아요, 그런데 정확하게 맞힌 것은 아니에요. 신라 지증왕 때 우산국은 독도와 울릉도를 말하는 거예요. 그 사실은 어떻게 알았을까요?

"독도는 우리 땅의 노랫말에 세종실록지리지 오십 쪽 셋째 줄이라는 부분이 있어요. 그 책을 통해서 알게 된 것 같아요."

독도를 최초로 기록하고 있는 자료는 『삼국사기(三國史記)』입니다. 『삼국사기』는 김부식이 고려 인종의 명을 받아 1145년(인종 23년)에 완성한 역사서입니다. 고구려, 백제, 신라 3국의 정치적 흥망과 변천을 중심으로 본기(本紀) 28권(고구려 10권, 백제 6권, 신라·통일 신라 12권), 지(志) 9권, 표(表) 3권, 열전(列傳) 10권으로 구성되어 있습니다.

이 중 신라본기 지증왕 13년조(條)와 삼국사기 열전 이사부조(異斯夫條)에서 그 증거를 찾을 수 있습니다. "신라 지증마립간(智證痲立干) 즉위 13년(512년) 6월에 하슬라주(何瑟羅州: 현 강릉 지역)의 군주 이사부가 우산국(于山國)을 정벌했다."라는 기록이 있습니다. 이 내용으로 보아 울릉도는 신라의 영토가 되었다는 점을 알 수 있습니다.

그런데 두 가지 아쉬운 점이 있습니다. 하나는 『삼국사기』에 독도에 대한

13년 6월 여름, 우산국(于山國)이 귀복(歸復)하여 해마다 토산물을 공물로 바치기로 하였다. 우산국은 명주의 정동쪽 바다에 있는 섬인데, 울릉도라고도 한다. 그 섬은 사방 일백 리인데, 그들은 지세가 험한 것을 믿고 항복하지 않았다. 이찬 이사부가 하슬라주의 군주가 되었을 때, 우산 사람들이 우둔하고도 사나우므로 위세로 다루기는 어려우며, 계략으로 항복시켜야 한다고 말했다. 그는 곧 나무로 허수아비 사자를 만들어 병선에 나누어 싣고 우산국의 해안에 도착하였다. 그는 거짓말로 "너희들이 만약 항복하지 않는다면 이 맹수를 풀어 너희들을 밟아 죽이도록 하겠다."라고 말하였다. 우산국의 백성들이 두려워하여 곧 항복하였다.

직접적인 언급이 없다는 점이고, 다른 하나는 삼국사기 지(志) 9권 가운데, 삼국의 각 지역을 소개하는 제3권에서 제6권까지에 해당하는 『삼국사기지리지(三國史記地理志)』에 우산국에 대한 자세한 기록이 없다는 점입니다. 그럼에도 불구하고 지증왕 13년이 독도 역사의 연원이 되는 이유는 무엇일까요?

『삼국사기』 권4 지증왕편 13년의 기록을 보도록 합시다.

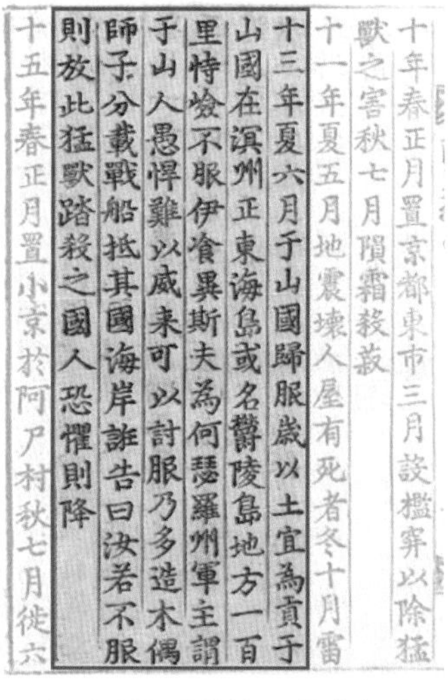

우산국에 대한 기록을 볼 수 있는 『삼국사기』

원문의 내용을 살펴보니 명주의 정동쪽 바다의 섬이라는 설명이 있죠? 명주는 지금의 강릉입니다. 지금의 지도로 봐도 다르지 않은 내용입니다. 또한 면적도 사방 일백 리라면 10리가 4km이니 사방 40km나 되는 큰 규모의 섬은 동해안에서 울릉도가 유일합니다. 여기서 우산국은 지금의 울릉도를 중심으로 주변의 섬을 세력권에 두었던 작은 나라입니다. 고려 시대의 기록에는 독

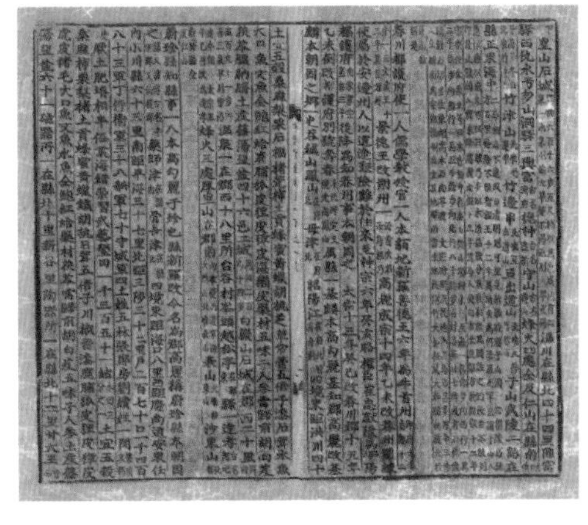

「세종장헌대왕실록」

도가 우산으로 되어 있기도 합니다. 독도에 관한 기록은 더 있습니다.

"노래 독도는 우리 땅에서 독도에 관한 기록에 어디에 나와 있다고 했죠?"

"지증왕 십삼 년 섬나라 우산국 세종실록지리지 강원도 울진현."

"예, 맞아요. 그런데 세종실록지리지에 독도에 관한 이야기가 정말 있을까요?"

현재 서울대학교 규장각에 보관되어 있는 『세종실록』「지리지」는 유네스코(UNESCO) 세계 기록 유산입니다. 세종의 명으로 맹사성, 권진, 윤회 등이 완성한 『신찬팔도지리지(新撰八道地理志)』를 수정, 보완하여 『세종실록』의 「지리지」가 된 것입니다. 1454년(단종 2년)에 완성된 『세종장헌대왕실록(世宗莊憲大王實錄)』의 제148권에서 제155권에 실려 있는 전국 지리지입니다. 모두 8책으로 전국 328개 군현(郡縣)의 경제, 사회, 군사, 재정, 교통, 산업, 지방 제도 등에 관해 다루고 있습니다. 독도는 제153권 강원도 울진현 편에 있습니다. 『세종실록』「지리지」 권153의 강원도 울진현조에도 우산도(독도)에 대한 내용이 나옵니다. 우산도(독도)와 무릉도(울릉도)는 별개의 섬이며, 날씨가 맑으면 울릉도에서 보이는 섬이라는 점으로 보아, 우산도는 독도이고 조선의 영토라고 인식했다는 것을 증명해 주고 있습니다.

『세종실록』「지리지」보다 앞선 1451년(문종 원년)에 제작된 『고려사』의 울릉도와 독도에 대한 내용을 보면 "우산과 무릉은 본래 두 섬으로 서로 거리가 멀지 않아 날씨가 맑으면 가히 바라볼 수 있다."라고 기록하고 있습니다.

일본은 이와 같은 기록에 대해서 울릉도 옆에 자리 잡은 죽도라고 이야기하는 경우가 있습니다. 하지만 죽도는 울릉도에서 맑은 날이나 흐린 날이나 아무 때나 쉽게 볼 수 있을 정도로 가까운 거리에 위치하고 있어서 억지라는 생각이 듭니다.

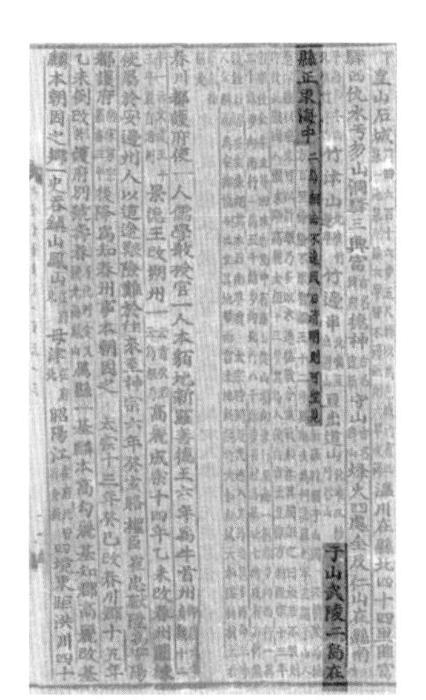
于山武陵二島在
縣正東海中

우산과 무릉에 대한 기록을 볼 수 있는 『세종실록』「지리지」

독도를 기록한 또 하나의 지리지가 있습니다. 바로 『신증동국여지승람(新增東國輿地勝覽)』입니다. 한 번 쯤은 들어 본 이름이죠? 1486년(성종 17년)에 노사신, 강희맹, 서거정 등이 엮은 관찬 지리지 『동국여지승람』을 증수한 것입니다. 지리 수업 시간에 조선 전기의 대표적인 관찬 지리지에 대해 배울 때 등

우산(于山)과 무릉(武陵) 두 섬이 현의 정동쪽 바다 가운데에 있고, 두 섬은 거리가 멀지 않아 바람이 끕고 맑은 날에는 가히 바라볼 수 있다. 신라에서는 우산국이라고 불렀다. 여기서 우산과 무릉이 있는데, 우산은 독도를 의미하고 무릉은 울릉도를 의미한다.

우산도(于山島), 울릉도(鬱陵島)

무릉(武陵)이라고도 하고, 우릉(羽陵)이라고도 한다. 두 섬이 고을 바로 동쪽 바다 가운데 있다. 세 봉우리가 곧게 솟아 하늘에 닿았는데 남쪽 봉우리가 약간 낮다. 날씨가 맑은 날이면 봉우리 머리의 수목과 산 밑의 모래톱을 역력히 볼 수 있으며, 순풍이면 이틀에 갈 수 있다. 일설에는 우산, 울릉이 원래 한 섬으로 지방이 백 리라고 한다.

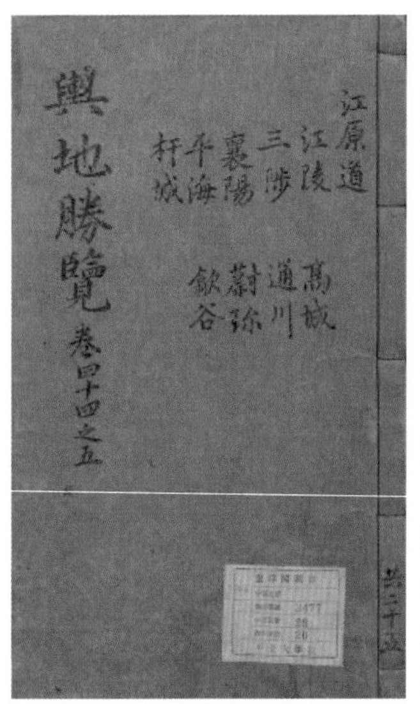
輿地勝覽 卷四十四之五

江原道
江陵 三陟 襄陽 平海 杆城
高城 通川 蔚珍 歙谷

于山島 鬱陵島 一云武陵一云羽陵二島在縣正東海中三峯岌嶪撑空南峯稍卑風日淸明則峯頭樹木及山根沙渚歷歷可見風便則二日可到一說于山鬱陵本一島地方百里

「신증동국여지승람」

장하죠? 하지만 『신증동국여지승람』은 단순한 지리지가 아니라 『팔도지리지』를 토대로 서거정의 『동문선』에 수록된 시문이 합쳐져 문학, 역사, 민속학 등이 모두 포함된 인문 지리지로서, 당시 사대부들의 공간에 대한 사고와 세계관을 엿볼 수 있는 자료입니다.

여기서 '신증(新增)'은 새로 증보했다는 의미이고, '동국(東國)'은 조선을 뜻하는 말입니다. 여지(輿地)'는 지리를 뜻하는 것이고, 승람(勝覽)은 '열람', '보기' 등의 의미를 가지고 있습니다. 쉽게 풀어 보면 '조선의 지리 엿보기'라고 할 수 있습니다. 특히, 지리지에 지도를 첨부하는 새로운 시도를 한 점에서 더 의의가 있습니다.

이 책은 1530년(중종 25년) 이행, 윤은보, 신공제 등이 왕명에 따라 제작하였습니다. 전 55권 25책으로 각 도의 지리를 수록하였습니다. 첫머리에 이행이 쓴 진전문(進箋文)과 서거정 등의 서문, 김종직 등의 발문, 그리고 『동국여지승람』의 서문을 담았습니다. 서문의 뒤를 이어 『동람도(東覽圖)』가 있습니다. 동람도는 조선전도인 팔도총도(八道總圖)와 도별 지도를 합쳐서 부르는 이름입니다. 내용은 전국을 경도, 한성부, 개성부, 경기도, 충청도, 경상도, 전라도, 황해도, 강원도, 함경도, 평안도 등으로 나누고, 각 부와 도에 속한 329개 지역의 특징을 백과사전식으로 기술했습니다.

이 책에서는 『세종실록』「지리지」에 이어 울릉도와 독도에 대한 내용을 기록하고 있습니다. "세 봉우리가 곧게 솟아 하늘에 닿았는데, 남쪽 봉우리가 약간 낮다. 날씨가 맑은 날이면…이틀에 갈 수 있다."라는 부분은 울릉도에 대한

옛날 문서는 어떻게 보관했을까?

조선 초기에는 춘추관·충주·전주·성주(星州)의 4대 사고(四大史庫)에 나누어 보관하였습니다. 임진왜란 이후 당시 한 벌만 남아 있던 것에서 3벌을 다시 만들었습니다. 그리고 강화의 정족산, 무주의 적상산, 봉화의 태백산, 평창의 오대산 사고에 나누어 보관하게 되었습니다. 오대산 사고본은 일본에 의해 또 한 번 없어지고, 다른 사고본은 현재 규장각 등에 소장되어 있습니다.

설명입니다. 일본에서는 "일설에는 우산, 울릉이 원래 한 섬으로"라는 부분을 통해 우산도가 독도가 아니라 죽도라고 주장하고 있습니다. 또한 이후 1765년에 편찬된 『여지도서』에서는 '우산도 울릉도'를 '울릉도'로 고치고, '두 섬은 (울진)현 동쪽 바다 가운데 있다.'라는 문구를 삭제했다는 점을 들어 비판하고 있습니다. 하지만 일본은 『여지도서』에 대마도가 조선의 땅으로 기록되어 있다는 점은 생각도 못하고 있습니다.

만기요람은 송도가 독도임을 증명해 준다

『만기요람(萬機要覽)』은 1808년 서영보, 심상규 등이 순조의 명을 받들어 만든 책입니다. 왕이 정사에 참고할 수 있도록 국가의 재정과 군정에 관한 내용을 기록한 역사서로서, 각종 소요 경비와 조달 방식, 세금, 상업 및 국방 관련 내용 등이 담겨 있습니다. 그래서 조선 후기의 경제뿐만 아니라 군사 제도

『만기요람』

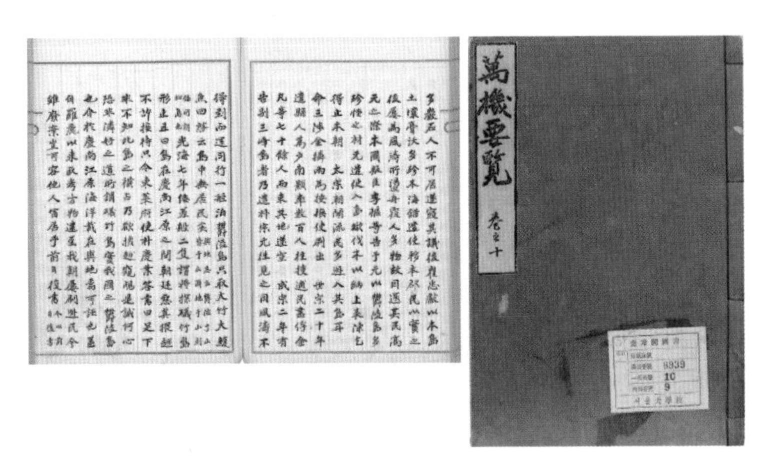

울릉도가 울진 정동쪽 바다 가운데 있다. 『여지지』에 이르기를, 울릉과 우산은 모두 우산국의땅인데, 우산은 일본이 말하는 송도(松島)라고 하였다.

鬱陵島在蔚珍正東海中… 輿地志云 鬱陵于山皆于山國地 于山則倭所謂松島也

를 알아보는 데 훌륭한 자료가 됩니다.

『만기요람』의 가치가 더욱 중요한 이유는 우산국에 울릉도와 우산도가 모두 포함되어 있으며, 우산도는 당시 일본이 말하는 송도(松島), 즉 독도임을 증명하고 있기 때문입니다.

『만기요람』은 17세기에 유형원이 제작한 『여지지(輿地志)』의 일부를 인용하여 독도에 관한 설명을 하고 있습니다. '울릉도와 우산도는 모두 우산국 땅이다.'라는 점은 『삼국사기』에서도 밝히고 있는 사실입니다. 더욱이 일본이 우산도를 울릉도에 한정하는 주장을 하고 있는 데 대해 '우산도는 왜인들이 말하는 송도이다.'라고 분명하게 밝혀 우산도가 독도임을 증명하는 훌륭한 자료입니다.

이규원 일행이 조사한 일지, 울릉도 검찰일기

안용복이 1693년과 1696년 두 차례에 걸쳐 일본으로 가서 울릉도와 독도가 조선의 땅이라고 주장하고 돌아온 일을 가리켜 안용복 사건이라고 합니다. 안용복이 처음으로 일본에 다녀온 이후 울릉도에 대한 관심이 높아지면서 조선 조정은 1694년(숙종 20년) 삼척영장(三陟營將, 삼척에 배치된 영장)인 장한상(1656~1724)을 수토관(搜討官)으로 파견하였습니다. 수토(搜討)는 '찾아서 구한다'라는 한자대로 '도피자나 생계를 위한 피역자들을 찾아 죄주거나 육지로 돌려보냄'을 말하고, 수토관은 이런 역할을 담당하는 관리입니다. 공도정책이 유지된 이후에도 3년마다 울릉도에 수토관을 보냈는데, 이들이 남긴 각종 기록과 지도, 토산물로 바친 강치 가죽 등을 통해 울릉도와 독도가 지속적으로 우리 영토였다는 것을 알 수 있습니다.

이후 1881년 울릉도를 조사하러 갔던 울릉도 수토관이 불법으로 들어온 일본인들을 발견했다는 보고를 하게 됩니다. 1696년 죽도 도해 금지령에 따른 약속을 어기고 몰래 들어온 것입니다. 따라서 고종은 이규원을 울릉도 검찰사로 임명하고 울릉도 사정을 파악하도록 지시합니다. 검찰사가 된 이규원은 1882년 4월 29일부터 6일간 울릉도를 자세히 조사하여 보고서를 제출하였습니다. 102명의 대규모 조사단과 함께 울릉도에서 사람이 살 수 있는 곳이 어디인지, 또 일본인들의 불법 입도가 어떠한 상황인지를 조사하였고, 이 검찰 과정을 『울릉도 검찰일기』로 남기게 됩니다. 그 내용을 보면 다음과 같습니다.

1. 울릉도에는 본국인이 모두 140명인데, 전라도가 115명(82%), 강원도가 14명(10%), 경상도가 10명(7%), 경기도가 1명(0.7%)의 순으로 있다.

2. 본국인 중 선박을 만드는 자가 129명(92.2%), 인삼 등 약초를 캐는 자가 9명(6.4%), 대나무를 베는 자가 2명(1.4%) 있다.

3. 울릉도에 침입한 일본인은 78명이었다.

4. 울릉도의 장작지포에서 '대일본제국 송도규곡, 명치 2년 2월 13일 암기충조 건립'이라는 푯말을 발견하였다.

5. 나리동을 비롯하여 6~7처에 주민을 상주시킬 수 있는 거주지를 조사하였다.

특징적인 것은 울릉도에 전라도 사람들이 많았다는 점입니다. 가까운 경상

『울릉도 검찰일기』

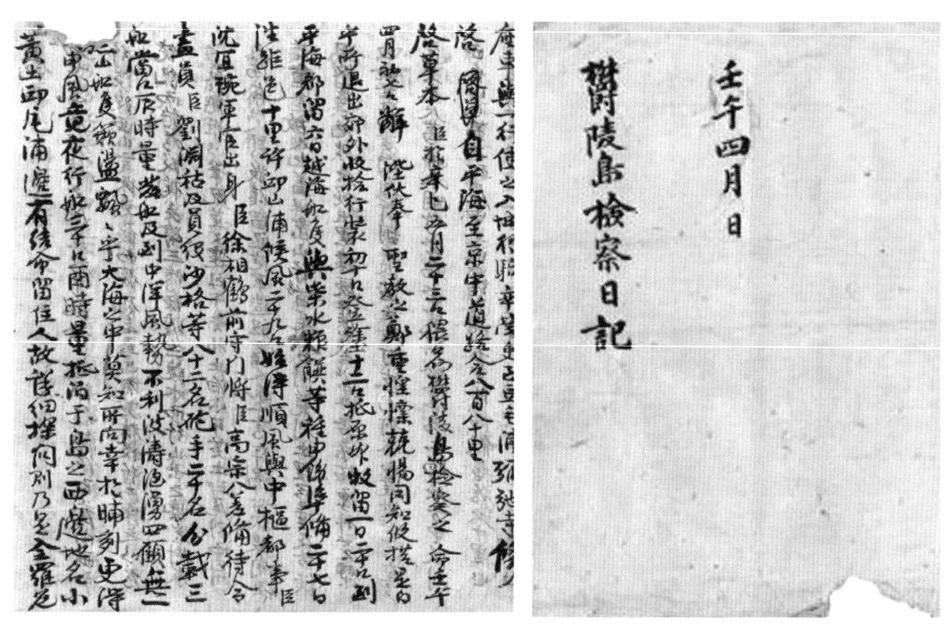

壬午四月 日

欝陵島檢察日記

도와 강원도 사람들이 아니라 멀리 떨어진 전라도 사람들의 이동이 많았던 것은 남해안에서 해류를 타면 동남해안에서 울릉도로 직항할 수 있었기 때문입니다. 또한 돌아올 때도 울릉도와 독도 사이를 지나 포항 앞바다까지 이르는데, 어렵지 않게 해류를 이용할 수 있었습니다.

전라도 어민들은 1600년대 중반부터 시작해 19세기에 조사가 이루어질 때까지 지속적으로 왕래하였던 것으로 알려져 있습니다. 이렇게 오랫동안 어업에 종사하면서 자연스럽게 터득한 해류와 항해술을 통해 울릉도에 정착할 수 있었던 것입니다. 전라도 사람 가운데 흥양(현재 고흥군) 3도(죽도, 손죽도, 거문도) 출신이 61명으로 가장 많았으며, 다음으로 흥해(여수시)의 초도 33명, 낙안(순천) 21명 등이었습니다. 전남 고흥 거금도에서 좀 더 남쪽에도 '독도(獨島)'라는 섬이 있습니다. 전라도에서 돌로 된 섬을 독섬으로 불러 왔기 때문에 독도라는 연원도 이것에 있는 것으로 파악할 수 있습니다. 1900년 고종이 반포한 대한제국 칙령 제41호에서 '석도'로 표기하고 있는데, 이것은 돌의 전라도 방언인 독섬에서 훈을 따온 것입니다. 결과적으로 검찰사 이규원의 보고는 400여 년간 공도 정책에 따라 비워 두고자 했던 울릉도가 다시 열리는 계기가 되었습니다.

대한제국 칙령 제41호

고종 37년인 1900년에 대한제국 정부는 10월 25일자로 전문 6개조의 '울릉도를 울도(鬱島)로 개칭(改稱)하고 도감(島監)을 군수(郡守)로 개정(改正)한 건(件)'을 시행하였습니다. 칙령을 통한 결정의 계기는 러시아의 요청 때문이었습니다. 세계 열강들이 한반도에서 다양한 이권 싸움을 벌일 당시 러시아는 울릉도의 삼림 채벌권을 가지고 있었습니다. 자신들이 이권을 가지고 있는 울릉도에서 일본인들이 불법으로 삼림을 벌채하자, 러시아가 대한제국 정부에 이를 금지해 달라며 강력히 항의한 것입니다. 이에 정부는 이를 금지시키고 울릉도 이주민 행정 관리를 위해 1899년 5월 배계주를 울릉도 도감(島監)으로 임명하여 파견합니다. 그의 보고에 의하면, 일본인 수백 명이 집단적으로 촌락을 이루고, 불법으로 삼림을 벌채하여 일본으로 가져갈 뿐만 아니라 밀무역도 자행하고 있었습니다. 이에 우리 정부는 일본에 항의하였으나 책임을 회피하자, 1900년 우릉도 시찰 위원인 우용정을 비롯한 조사단을 파견하여 다시 현황을 살펴본 후 문제의 심각성을 인식하고, 같은 해 10월 27일자로 대한제국 관보를 통해 '대한제국 칙령 제41호'를 공포하게 됩니다.

칙령의 제2조를 보면 "군청의 위치는 태하동으로 정하고 구역은 울릉전도(鬱陵全島)와 죽도(竹島), 석도(石島)를 관할할 것"이라고 규정하고 있습니다. 이 부분은 죽도와 독도를 말하는 석도가 다르다는 것을 엄연히 나타내 주고 있습니다. 『만기요람』에서 본 것처럼 석도(石島)는 당시 독도를 가리키는

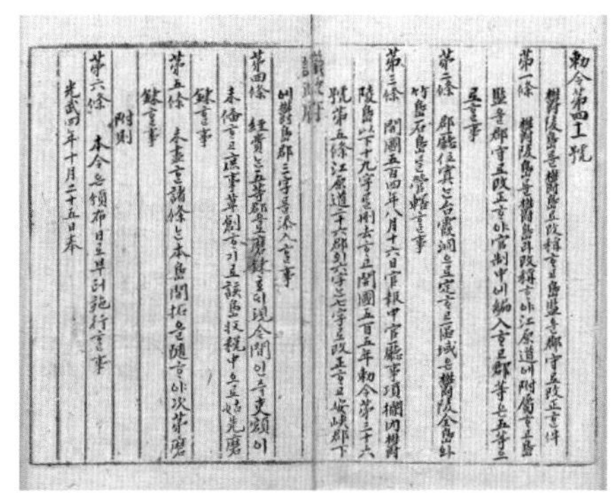

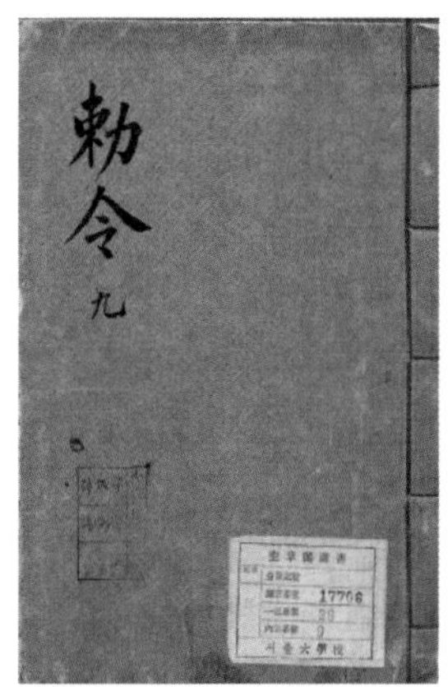

'대한제국 칙령 제41호'

울릉도(鬱陵島)를 울도(鬱島)로 개칭(改稱)ᄒᆞ고 도감(島監)을 군수(郡守)로 개정(改正)한 건(件)

제1조 : 울릉도(鬱陵島)를 울도(鬱島)로 개칭ᄒᆞ야 강원도(江原道)에 부속하고 도감(島監)을 군수(郡守)로 개정ᄒᆞ야 관제중(官制中)에 편입(編入)ᄒᆞ고 군등(郡等)은 오등(五等)으로 ᄒᆞᆯ 사(事).

제2조 : 군청(郡廳) 위치(位置)ᄂᆞᆫ 태하동(台霞洞)으로 정(定)ᄒᆞ고 구역(區域)은 울릉전도(鬱陵全島)와 죽도(竹島) 석도(石島)를 관할(管轄)ᄒᆞᆯ 사(事).

제3조 : 개국오백사년(開國五百四年) 팔월십육일(八月十六日) 관보중(官報中) 관청사항란내(官廳事項欄內) 울릉도 이하(鬱陵島 以下) 십구자(十九字)를 산거(刪去)ᄒᆞ고 개국오백오년(開國五百五年) 칙령(勅令) 제삼십육호(第三十六號) 제오조(第五條) 강원도이십육군(江原道二十六郡)의 육자(六字)ᄂᆞᆫ 칠자(七字)로 개정(改正)ᄒᆞ고 안협군하(安峽郡下)에 울도군(鬱島郡) 삼자(三字)를 첨입(添入)ᄒᆞᆯ 사(事).

제4조 : 경비(經費)ᄂᆞᆫ 오등군(五等郡)으로 마련(磨鍊)호ᄃᆡ 현금간(現今間)인즉 이액(吏額)이 미비(未備)ᄒᆞ고 서사초창(庶事草創)ᄒᆞ기로 해도수세중(海島收稅中)으로 고선(姑先) 마련(磨鍊)ᄒᆞᆯ 사(事).

제5조 : 미비(未備)ᄒᆞᆫ 제조(諸條)ᄂᆞᆫ 본도개척(本島開拓)을 수(隨)ᄒᆞ야 차제(次第) 마련(磨鍊)ᄒᆞᆯ 사(事).

제6조 : 본령(本令)은 반포일(頒布日)로부터 시행(施行)ᄒᆞᆯ 사(事).

돌섬의 사투리인 '독섬'의 뜻을 취하여 한자로 표기한 것입니다. 칙령 제41호를 통해 독도가 울릉 군수의 관할 구역이었음을 국제 사회에 알렸다는 데 의의가 있습니다.

원문을 보면, 이때 울릉도의 이름을 '울도'로 바꾸었고, 울진현에 속해 있던 울릉도를 부속 도서와 합쳐 군으로 독립시켜 행정, 사법, 치안을 총괄토록 하였다는 내용도 확인할 수 있습니다.

강원도 관찰사 이명래 보고서

1904년 러일 전쟁이 일어나자, 일본은 제1차 한일 협약을 체결하고, 울릉도에 무선 전신 시설을 설치합니다. 이후 1905년 1월 28일 일본은 내각회의에서 독도의 이름을 다케시마로 바꿔 시마네현으로 불법 편입하고, 같은 해 2월 22일에 '시마네현 고시 제40호'로써 문서화하기에 이릅니다. 1905년은 일본의 일방적인 요구로 제2차 한일 협약인 을사조약(乙巳條約)을 체결한 해이기도 합니다.

시마네현의 관리들은 1906년 3월 28일에 이르러서야 일본이 독도를 편입했다는 사실을 울도 군수 심흥택에게 알리게 됩니다. 이에 놀란 심흥택은 강원도 관찰사 서리로 있던 춘천 군수 이명래에게 "본관 소속 독도가 일본 영토에 편입되었다는 말을 들었다."라는 보고를 합니다. 일본에 국권이 빼앗긴 시기임에도 불구하고, 당시 참정대신은 1906년 4월 29일 지령 제3호를 통해 "독도가 일본인의 영토라는 것은 전혀 근거가 없는 것이며, 독도의 형편과 일본인들이 어떠한 행동을 하고 있는지를 다시 조사하여 보고하라."라고 지시하였습니다.

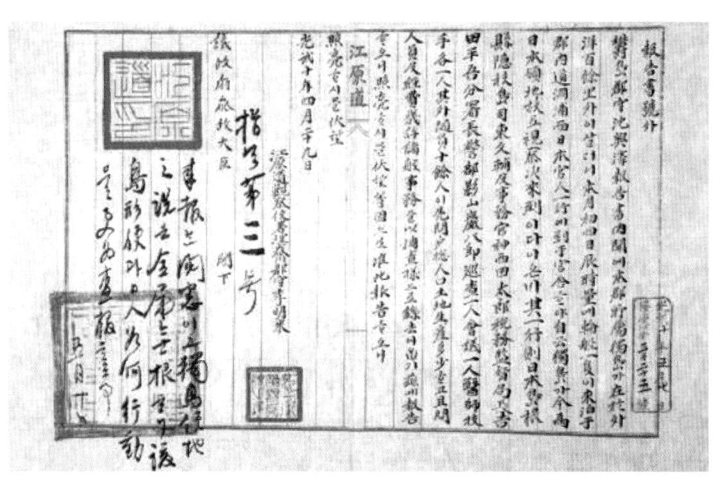

이명래가 의정부 참정대신에게 올린 1906년 4월 29일자 '보고서 호외'

보고서 호외

울도 군수 심흥택 보고서의 내용을 보니 본 군 소속 독도가 외양(外洋) 백여 리 밖에 있는데, 이달 초 4일 9시경에 윤선(輪船) 1척이 군내 도동포에 와서 정박하였고, 일본 관원 일행이 관사에 왔는데, 그들이 말하기를 독도가 이번에 일본의 영지가 되었기에 시찰차 나온 것이다 하는바, 그 일행은 일본 시마네현 오키 도사(島司)인 히가시 분스케[東文輔]와 사무관인 진자이 요시타로[神西由太郎], 세무감독국장인 요시다 헤이고[吉田平吾] , (경찰)분서장인 가게야마 이와하치로[影山巖八郎]와 순사 1명, (의회)의원 1명, 의사, 기술자 각 1명, 그 외 수행 인원 10여 명이고, 먼저 가구, 인구, 토지와 생산의 많고 적음을 물어보고, 다음으로 인원과 경비 등 제반 사무를 조사하여 갔으므로, 이에 보고하오니 살펴주시기를 엎드려 바라오며, 이에 보고하오니 살펴주시기를 엎드려 바라옵니다.

광무 10년(1906) 4월 29일 강원도 관찰사 서리 춘천 군수 이명래

관보에 실린 독도

6.25 전쟁 중이던 1952년 1월 18일 대한민국 정부는 「인접 해양에 대한 주권에 관한 선언」을 공포합니다. 이는 평화선 선언(국무원 고시 제14호)으로 잘 알려져 있습니다. 1951년은 샌프란시스코 강화 조약 체결로 1945년에 설정된 맥아더 라인이 폐기될 상황에 놓여 있었습니다.

선언이 공포된 배경을 자세히 살펴보면 한일 간 어업상의 격차가 심하였고, 어업 자원 및 대륙붕 자원의 보호가 시급했습니다. 또한 세계 각국 영해의 확장 및 주권적 전관화 추세가 일고 있음에 대처하고, '맥아더 라인' 철폐를 보완하려고 설정한 것입니다.

이와 같은 위기 상황에서 국무회의를 통해 대통령의 명의로 한 4개조의 선언을 통해 한반도와 그 주변 도서의 인접 해양에 있는 모든 자원(수산물, 광물 등)에 대해 우리나라의 주권을 선언하였으며, 해양 경계선을 설정하였습니다. 무엇보다 독도를 평화선 내에 둠으로써 대한민국의 주권이 미치는 부속 도서임을 명확히 하였습니다. 그러나 평화선이 선포된 이후에도 주변 국가와 마찰이 발생하자 1952년 9월 국제 연합군 사령관 클라크(Clark, M.W.)는 한반도 주변의 해상방위수역(일명, 클라크라인)을 설정했는데, 수역이 평화선과 거의 일치하였습니다.

지도에서 비밀을 풀다

지도는 지역의 자연환경과 인문환경을 모두 기술할 수 있는 거의 유일한 매체입니다. 왜냐하면, 3차원의 지구를 2차원의 평면에 그려 내면서 그 안에 비밀을 숨기기 때문에 마술 종이 같기도 합니다. 지도에서 한 지역을 유심히 살펴보면 머릿속에 그 지역의 삶의 모습이 그려지기도 합니다. 그래서 지도는 한 권의 책이자 하나의 작품이라고 할 수 있습니다.

우리가 좋아하는 '해리 포터', '반지의 제왕', '캐리비안의 해적' 등의 판타지 영화를 보면 지도가 자주 등장합니다.

조선의 『천하도』와 중세 유럽의 『TO 지도』

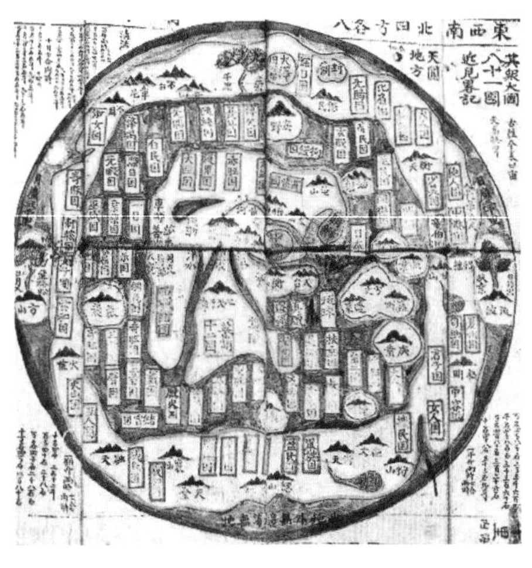

글이 만들어지기 전부터 사람들의 생각을 담아낸 것이 지도입니다. 그래서인지 지도는 아주 오래 전부터 우리가 살고 있는 공간을 사실 그대로 기록하기도 하고 상상으로 그려 내기도 하였습니다. 조선 중기의 대표적인 지도인 『천하도』와 중세 유럽의 대표 지도인 『TO 지도』를 보면 자신들이 모르는 지역은 상상으로 그려 냈고, 자신들이 살고 있어서 잘 아는 지역은 거의 정확히 그려 냈습니다. 그렇다면 우리의 옛 지도 중에서 독도를 담은 지도를 찾아 여행을 떠나 봅시다.

「혼일강리역대국도지도」

먼저, 현존하는 우리나라 최초의 세계지도인 『혼일강리역대국도지도(混一疆理歷代國都之圖)』를 살펴볼까요? '혼일(混一)'은 중국을 중심으로 하는 '화(華)'와 중국 주변의 오랑캐 곧 이(夷)를 '하나로 아우른다'라는 뜻이고, '강리(疆理)'는 '변두리 지경을 다스린다'라는 뜻입니다. 즉, '다스려야 할 역대 왕조와 세계의 지도'를 의미합니다. 1402년(태종 2년)에 좌정승 김사형, 우정승 이무와 이회가 만든 지도이지만 현재 일본의 류코쿠 대학교에서 보관하고 있습니다.

의정부 검상(檢詳)이었던 이회는 조선 시대 최초의 지도인 『팔도도(八道圖)』를 그린 인물로 추정되고 있습니다. 이 지도에는 동양의 '하늘은 둥글고 땅은 네모지다'라는 천원지방(天圓地方)의 인식과 중화사상을 엿볼 수 있습니다. 그리고 우리나라는 실제보다 훨씬 크게 나타낸 반면에 일본은 남쪽에 작게 그렸고, 서쪽으로 인도와 아라비아 반도, 유럽뿐만 아니라 아프리카까지 그린 세계지도입니다.

이 지도가 제작된 과정은 지도 위와 아래에 빼곡히 적힌 발문에 상세히 기록되어 있습니다. 발문을 보면, 이 지도는 중국의 『성교광피도(聲敎廣被圖)』, 『혼일강리도』와 조선지도 『일본도(日本圖)』를 합하여 만들었다는 것을 알 수 있습니다. 지도의 윤곽이 정확한 『성교광피도』와 역대제왕국도(歷代帝王國都)와 성도(省都)가 잘 나타난 『혼일강리도』는 1399년에 김사형이 중국에서 가져온 것입니다. 일본도는 1401년에 박돈지가 일본에 사신으로 가서 가져온 것입니다. 그리고 조선지도는 앞에서 말한 이회가 제작한 지도입니다. 최근 연구에 의하면, 이 지도의 서유럽과 아프리카에 대한 기록의 정확성이 중국의 지도를 넘어선 것으로 조사되었습니다. 아랍어 지명, 빗금과 녹색의 바다, 청색으로 된 하천, 백색으로 칠해진 토지는 이슬람 지도의 영향으로 받은 것으로 판단하고 있습니다.

이 세계지도에 독도가 그려져 있을까요? 당연히 그려져 있지 않습니다. '당연히'라고 말한 이유는 독도를 그리지 않은 것이 타당하기 때문입니다. 당시 울릉도와 독도에 대한 인식은 두 섬을 하나로 보는 일도(一島) 역사적 사실에 바탕을 두고 있습니다. 따라서 이 지도에 독도가 그려지지 않았다고 하여 이를 제외시키기보다는 당시 역사·지리적 사실을 그대로 반영하고 있다는 것으로 보아야 할 것입니다.

대동여지도에는 독도가 있다? 없다?

"우리나라 역사상 최고의 지리학자는 누구일까요?"

"김정호 아닌가요?"

"왜 그렇게 생각하나요?"

"『대동여지도』를 만든 사람이니까요. 『청구도』도 만들었어요."

"맞아요, 잘 알고 있군요. 생각이 다른 사람들도 있겠지만 김정호를 최고의 지리학자로 생각하는 사람들은 『대동여지도』의 뛰어남 때문인 경우가 많아요. 그럼 『대동여지도』에서 독도를 찾을 수 있을까요?"

"선생님, 당연히 있는 거 아닌가요?"

"의외로 『대동여지도』에는 독도가 그려져 있지 않습니다."

"선생님, 제가 뉴스에서 봤는데, 『대동여지도』에 독도가 그려져 있다고 하던데요?"

"예, 그 말도 맞습니다. 그럼 어떻게 된 것인지 알아보도록 하죠."

먼저, 『대동여지도(大東輿地圖)』에 대해 간단히 살펴봅시다. 1861년(철종 12년) 김정호가 제작한 『대동여지도』는 우리나라의 대표 지도라고 해도 과언이 아닙니다. 1861년 제작한 신유본과 1864년 제작한 갑자본이 있는데, 『대동여지도』가 유명해진 것은 아이러니하게도 그리 오래되지 않은 일제강점기의 일로, 1934년에 조선총독부가 교과서 『조선어독본(朝鮮語讀本)』에 김정호와 『대동여지도』를 수록한 이후부터라고 합니다. 일본에서도 이 지도는 깜짝 놀

랄 만한 성과물이었던 것입니다.

『대동여지도』의 '대동(大東)'은 '동쪽의 큰 나라 조선'을, '여지(輿地)'는 '수레와 같이 만물을 싣는 땅'의 국토를 뜻합니다. 따라서 『대동여지도』는 곧 '조선의 지도'라는 뜻으로, 중국의 영향을 벗어난 자주적 의식이 반영되어 있다는 점에서도 의의가 있습니다.

『대동여지도』는 가로 약 3.8m, 세로 약 6.7m의 대형 지도로, 현존하는 전국 지도 중 가장 큽니다. 걸작으로 평가되는 이 지도의 특징은 다음과 같습니다.

첫째, 지도는 동서 80리 간격 19면, 남북 120리 간격 22층으로 나누어 분합이 편리한 분첩절첩식 지도입니다. 목판 한 장에 지도 두 면이 들어가도록 제작하여, 하나의 층을 1첩으로 하고 국토 전체를 22첩으로 하여 지도를 상하로 연결하면 전국 지도가 만들어집니다.

둘째, 총 126개의 목판 면에 지도를 새겨 찍어 냈기에 인쇄가 가능한 지도였습니다. 이는 필사 과정에서 오류를 막고 대량 인쇄를 통해 지도가 대중화되는 것에 기여하였습니다.

셋째, 지도 안에 그린 단선의 도로망에 10리마다 방점을 찍어 표시하여 거리와 축척을 파악할 수 있도록 만든 지도입니다. 『대동여지도』는 김정호가 먼저 만든 『청구도(靑邱圖)』를 토대로 만든 것입니다. 사람들이 편하게 볼 수 있도록 『청구도』와는 달리 지도 외곽의 방안 눈금을 방점으로 대신하였습니다.

넷째, 지도표(地圖標)라는 독특한 범례를 고안하여 사용하였습니다. 목판이었기 때문에 지도상에 다양한 사상들을 간단한 기호로 표시하는 것입니다. 이와 같은 방법은 영아(營衙), 읍치(邑治), 성지(城池), 진보(鎭堡), 역참(驛站), 창고(倉庫), 목소(牧所), 봉수(烽燧), 능침(陵寢), 방리(坊里), 고현(古縣), 고진보(古鎭堡), 고산성(古山城), 도로(道路) 등을 지도 위에 표현할 수 있게

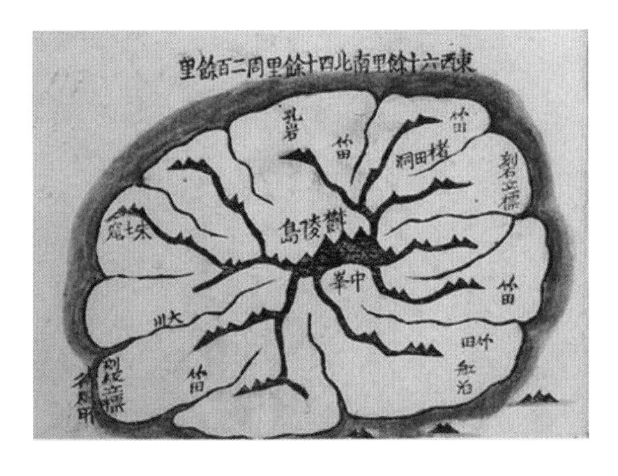

『대동여지도』 목판본 15층 1판.
오른쪽에 독도가 그려지지 않았다.

해 주었습니다.

다섯째, 개별 산봉우리를 그리지 않고 산줄기를 연결시켜 그렸습니다. 등고선이 없어 높이는 알 수 없지만 선의 굵기를 통해 산지의 험한 정도를 파악할 수 있습니다. 무엇보다 산줄기가 연결되고 하천이 그려져 분수계와 생활권을 어느 정도 파악할 수 있게 되었습니다.

『대동여지도』의 목판은 현재 12장(보물 1581호)이 남아 있는데, 국립중앙박물관에 11장, 숭실대 기독교박물관에 1장이 보관되어 있습니다. 무엇보다 과학적인 기법에 판화적인 예술미까지 갖추고 있어 우리나라 지도 역사상 최고의 작품으로 칭송하고 있습니다.

사실 지금의 지리학자들은 『대동여지도』에 독도가 그려지지 않은 것을 오히려 우수하게 평가합니다. 김정호는 227면의 판본을 만들면서 육지와 가까운 곳의 섬들은 그려 넣었고, 육지에서 멀리 떨어진 섬들은 새기지 않았습니다. 오히려 독도를 울릉도 바로 옆에 그렸다면 축척상 정도가 떨어지는 지도로 오점을 남겼을 것입니다. 간혹 후대 사람들이 내용을 추가로 그린 『대동여지도』 필사본에 보이기는 하나 목판본에는 보이지 않습니다. 결국, 독도를 목판본에 새기지 않은 김정호는 축척이라는 개념을 지도에 담아낸 과학적인 지리학자였습니다.

조선의 천재 지리학자 김정호

김정호, 그를 일컬어 '조선의 천재 지리학자'라고 합니다. 당시 조선의 지도 제작 기술이 어느 정도 수준에 올라 있었지만, 체계적인 방법으로 집대성한 인물은 김정호였습니다. 그가 천재성을 키울 수 있었던 것은 당시 새로운 학문이 유입된 데 있었습니다. 17세기 이후 조선에는 중국을 통해 다양한 지도들이 들어오게 됩니다. 마테오 리치의 『곤여만국전도(坤輿萬國全圖)』, 알레니의 『만국전도』, 페르비스트의 『곤여전도(坤輿全圖)』(1674) 등이 조선에 전래되면서 세계관이 변하게 됩니다. 가난한 삶을 살았던 김정호는 친구였던 조선의 실학자 최한기가 제작한 지구전후도(地球前後圖)의 판각을 담당하였습니다. 평사도법을 사용한 페르비스트의 『곤여전도』를 이어받았으며, 구대륙을 전도에, 신대륙을 후도에 담은 동서 양반구로 제작하였습니다. 일부 지역은 새롭게 수정하였습니다. 당시 김정호는 우리나라의 지도 제작 기술뿐만 아니라 실학자들로부터 서양의 지도와 지리서를 받아 공부하면서 지리학의 체계를 정립할 수 있었던 것입니다.

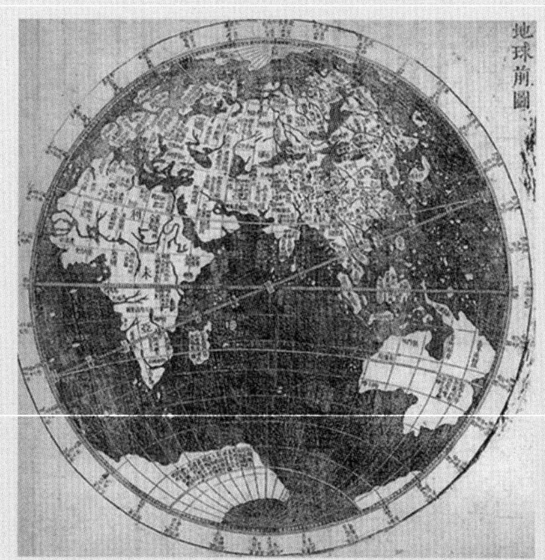

1834년 최한기와 김정호에 의해 제작된 지구전도와 지구후도(서울대 규장각 소장)

제6장

일본도 알고 있는 우리 땅 독도

1667년에 만들어진 『인슈시청합기(隱州視聽合記)』는 일본에서 울릉도와 독도에 대하여 최초로 기록한 책입니다. 당시 시마네현에 있던 마쓰에번의 번사(藩士) 사이토 도요노부가 상부의 명을 받아 오키섬을 둘러보면서 보고 들은 역사, 지리적 내용 등이 상세히 기록되어 있습니다. 서문과 본문으로 구성되어 있는데, 제1권은 「국대기(國代記)」로 개관을 다루고 있습니다. 무사 정권 이후 오키의 역사를 다루고 있으며, 독도의 영유권과 관련하여 논쟁이 지속된 부분입니다.

인슈는 오키섬을 가리키며, 운슈(隱州)는 현재 시마네현의 이즈모시를 말합니다. 주요 논쟁이 되고 있는 부분은 "그런즉 일본의 서북쪽 한계는 이 주로

『인슈시청합기』

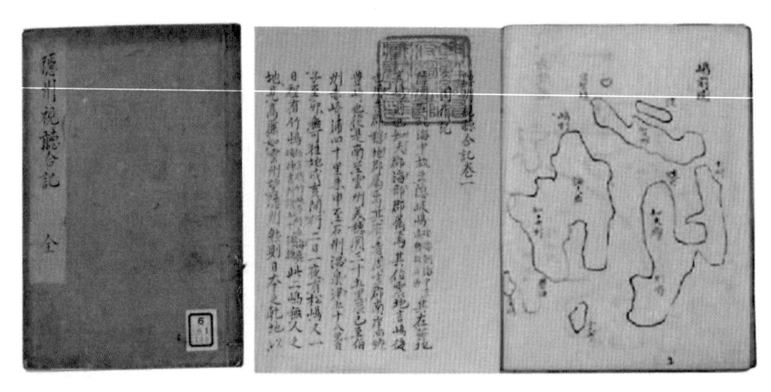

한다(然則日本之乾地以此州爲限矣).”라는 부분입니다. 여기서 이 주를 뜻하는 ‘차주(此州)’가 울릉도를 말하는 것인지 아니면 은슈를 말하는 것인지에 대한 논쟁입니다. 한국의 연구자들은 차주를 오키섬이라고 주장하고 있는 반면, 일본의 연구자들은 울릉도라고 주장하고 있습니다.

도쿠가와 막부의 결정

독도가 일본의 고유 영토라고 주장하며 내세운 근거 중에는 17세기 돗토리현 요나고시의 상인들이 울릉도로 건너와 벌채하고 고기를 잡았다는 사실도 있습니다.

70여 년간 지속된 울릉도 도해가 가능했던 이유는 막부에서 지금의 울릉도 '죽도(竹島: 다케시마) 도해 면허'를 발급했기 때문입니다. 그런데 도해 면

도쿠가와 막부에 대한 돗토리 번 답변서(1695)

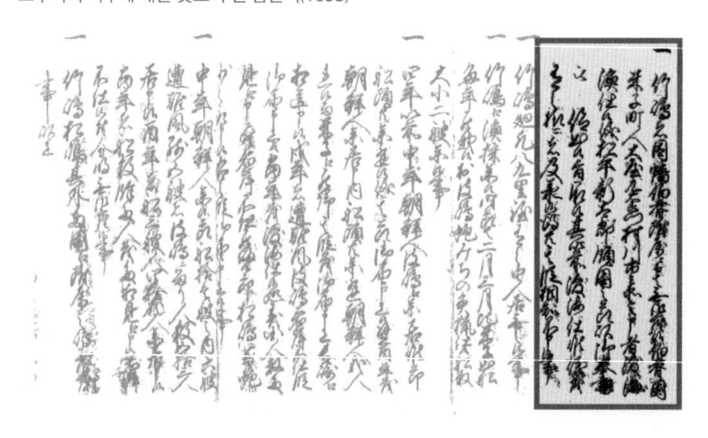

다케시마(울릉도)는 이나바와 호키(현재의 돗토리현)에 속하는 섬이 아닙니다.
다케시마(울릉도)와 마쓰시마(독도) 및 그 외 양국(이나바와 호키)에 속하는 섬은 없습니다.

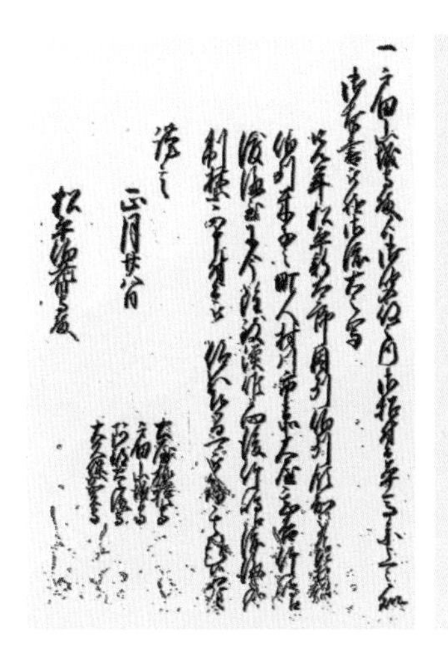

[…] 이전에 마쓰다이라 신타로(松平新太郎)가 인슈(因州)와 하쿠슈(伯州)를 다스리던 때 하쿠슈 요나고(米子)의 상인 무라카와 이치베(村川市兵衛), 오야 진키치(大屋甚吉)가 죽도(울릉도)에 도해하여 현재까지 어업을 해 왔지만 향후에는 죽도 도해 금지를 명하니 이를 명심하라.

정월 28일

다케시마(울릉도) 도해 금지령(1696)

허는 자국의 섬이라면 발급하지 않는 것입니다. 이것은 이미 일본이 울릉도와 독도를 자국의 섬으로 인식하지 않았다는 증거가 됩니다.

도해와 울릉도에서의 불법 어업이 잦았던 일본 상인들은 안용복 일행과 부딪히게 되었고, 이것이 조선과 일본 간의 영유권 논쟁으로 확대된 것입니다. 결국 1696년 1월 28일 일본의 막부는 '다케시마 도해 금지령'을 내리게 되는데, 그 결정적 계기는 1695년 12월 25일 도쿠가와 막부에 대한 돗토리번의 답변서였습니다. 이 답변서의 주요 내용은 "울릉도와 독도는 돗토리번에 부속하는 섬이 아니며, 일본의 어떤 지방에도 부속하지 않는다."라는 것입니다.

17세기 초부터 울릉도에 도해했던 일본 오야 가문의 문서를 살펴보면 독도에 대해 '울릉도 근변의 독도, 울릉도 내의 독도'라는 기록이 남아 있습니다. 그런데 죽도가 일본의 부속이 아니라는 설명부터 시작하고 있으며, 죽도와 송도는 부속된 점이 아니라는 설명도 하고 있습니다. 일본은 도해 금지가 죽도(울릉도)에 대한 것이지 송도(독도)에 대한 금지는 아니라고 주장하지만, 독도가 울릉도에 부속한다는 것을 밝히는 자국의 문서가 존재하기 때문에 논리에 맞지 않습니다.

안용복을 담은 기록

「원록구병자년 조선주착안 일권지각서(元祿九丙子年朝鮮舟着岸一卷之覺書)」는 1696년(숙종 22년) 5월, 일본 어선이 독도로 출어하는 것에 항의하기 위해 두 번째로 일본에 방문한 안용복(安龍福)을 일본 지방 관리가 취조하여 보고한 내용을 담은 문서입니다.

문서를 보면 "조선국 강원도에 죽도(竹島: 울릉도)와 송도(松島: 독도)가 있다."라는 안용복의 진술을 담고 있습니다. 특히, '조선의 8도(朝鮮之八道)'라는 제목 아래 각 도의 이름을 기록하고 '강원도' 아래 "이 도(道) 가운데 죽도와 송도가 있다."라고 기록해 조선의 영토임을 명확히 밝히고 있습니다.

「원록구병자년 조선주착안 일권지각서」

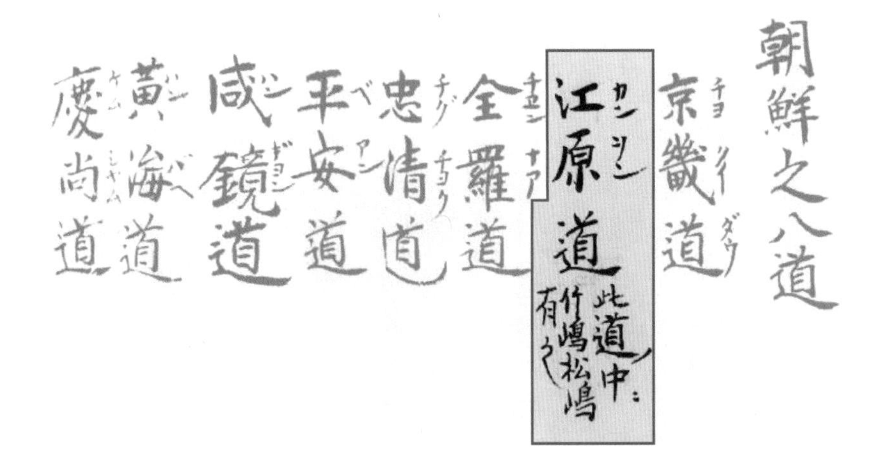
朝鮮之八道
京畿道
江原道
此道中ニ竹嶋松嶋有之
全羅道
忠清道
平安道
咸鏡道
黄海道
慶尚道

개정 일본여지로정전도

1779년에 만들어진 「개정 일본여지로정전도(改正日本輿地路程全圖)」는 지도 제작자인 나가구보 세키스이가 만든 지도로, 일본에서 경위도선이 들어간 최초의 지도입니다. 이 지도의 이름 앞에 '개정'이 붙은 것은 그가 1775년에 만든 지도를 막부 주관으로 수정하여 1779년에 다시 발행했기 때문입니다.

민간이 만든 지도를 새롭게 개정하여 배포한 이유는 무엇일까요? 그것은 당시 안용복 일행이 독도 근해에 일본인 출어를 금지해 달라고 요청한 데 따른 조치였습니다. 지도를 자세히 살펴보면, 일본의 영토는 모두 채색되어 있는 데 반하여 울릉도(竹島: 다케시마), 독도(松島: 마쓰시마)가 조선 본토와

「개정 일본여지로정전도」

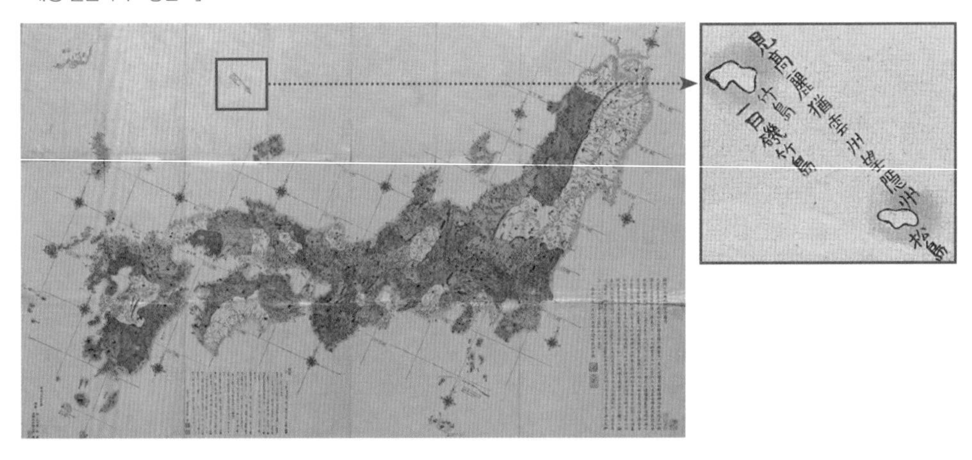

함께 채색되지 않은 상태로 그려져 있습니다. 또한 두 섬 옆에 "고려(조선)를 바라보는 것은 운슈(시마네현)에 있는 인슈(오키섬)를 바라보는 것과 같다."라고 기록하고 있습니다. 이 내용은 앞에서 살펴본 『인슈시청합기』에서 따온 것으로, 울릉도와 독도가 조선의 것이며 오키섬은 일본의 것이라는 것을 설명한 것입니다.

메이지 정부의 독도 염탐

1869년 메이지 정부가 들어선 이후, 태정관(太政官)은 조선을 정탐하기 위해 사타 하쿠보(佐田白茅) 일행을 조선에 파견하였습니다. 조선에서 조사한 것을 작성하여 외무성에 제출한 보고서가 「조선국교제시말내탐서(朝鮮國交際始末內探書)」입니다. 그런데 이 보고서에는 '송도(독도)와 죽도(울릉도)가 조선의 속도(屬島)'가 된 배경을 밝히고 있어 울릉도와 독도를 조선령으로 인식하고 있었다는 또 하나의 증거가 됩니다.

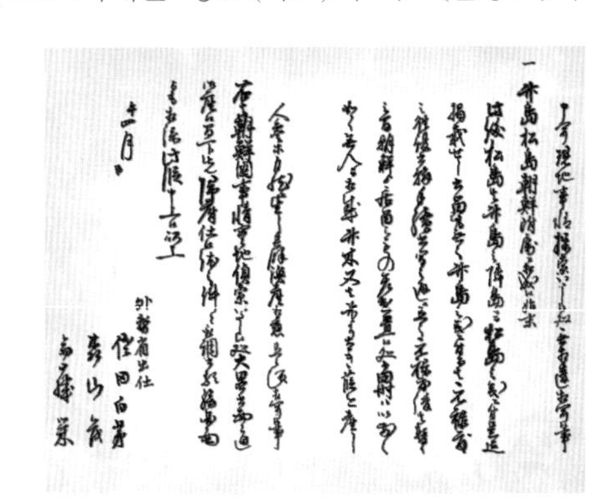

「조선국교제시말내탐서」

죽도(竹島 : 울릉도)·송도(松島 : 독도)가 조선에 속하게 된 사정

송도(독도)는 죽도(울릉도) 옆에 있는 섬입니다. 송도에 관해서는 지금까지 기재된 기록이 없지만 죽도에 관해서는 원록 연간(元祿年間)에 주고받은 서한에 기록이 있습니다. 원록 연간 이후 한동안 조선이 거류하는 사람을 파견하였으나 이제는 이전처럼 무인도가 되어 있습니다. 대나무나 대나무보다 두꺼운 갈대가 자라고 인삼도 저절로 나며 어획도 어느 정도 된다고 들었습니다. 이상은 조선의 사정을 현지 정찰한바, 대략적인 내용은 서면에 있는 그대로이므로 우선 돌아가 사안별로 조사한 서류, 그림 도면 등을 첨부하여 말씀드리겠습니다. 이상.

태정관의 인정

"여러분, 일본의 태정관은 어떤 곳이죠?"

"옛날에, 일본의 국가 기관이었어요."

"맞아요, 메이지 시대 일본의 최고 국가 기관이었어요."

"최고의 국가 기관이면 조선 시대 우리나라 왕이랑 비슷한 건가요?"

"맞아요, 메이지 초기에는 천하의 권력을 태정관에 귀일한다는 원칙을 선언하기도 했었어요. 그렇다면 태정관에서 내린 결정 중에서 독도와 관련된 내용이 있다면 일본은 어떤 입장을 취해야 할까요?"

태정관 지령

右大臣岩倉具視殿

伺之趣竹島外一島之儀本邦關係無之儀ト

可相心得事

明治十年三月廿九日

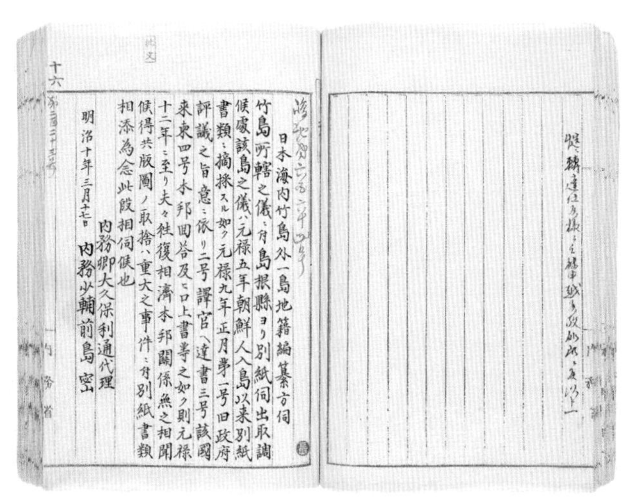

十六

日本海内竹島外一島地籍編纂方伺

竹島所轄之儀ニ付島根縣ヨリ別紙伺出取調

候處該島之儀ハ元禄五年朝鮮人入島以来別紙

書類ニ摘採スル如ク元禄九年正月第一号旧政府

評議之旨意ニ依リ二号譯官ヘ達書三号該國

来柬四号本邦回答及ヒ口上書等之如ク則元禄

十二年ニ至リ夫々往復相濟本邦關係無之相聞

候得共版圖ノ取捨ハ重大之事件ニ付別紙書類

相添為念此段相伺候也

明治十年三月十七日

内務卿大久保利通代理

内務少輔前島密

内務省

"한 시대의 최고 기관에서 내린 결정이니까, 그 내용은 인정해야 해요."

"그럼 그때 태정관에서 밝힌 내용에 대해서 알아볼까요?"

앞에서 말한 것처럼 태정관(太政官)은 일본 메이지 정부의 최고 행정 기관이었습니다. 그런데 1877년 태정관에서 내무성에 하달한 지령 하나가 있습니다. 그 지령이 지금도 남아 있는데, 이 지령 속에 일본이 한국의 독도 영유권을 인정한 내용이 포함되어 있습니다. 그 지령이 내려진 것은 일본 전 국토를 담은 지적도를 작성하기 위한 사업과 관련이 있습니다.

1876년 10월 시마네현에서는 관내의 지적을 조사하던 중 죽도(울릉도)와 송도(독도)를 시마네현에 포함시켜야 하는지에 대한 문제가 발생하자, 내무성에 의견을 묻게 되었습니다. 내무성은 자료 조사 끝에 1877년 3월에야 "이 문제는 17세기에 끝난 문제이고 울릉도와 독도는 일본과 관계가 없다."라는 결론을 내렸습니다. 이에 당시 최고 기관인 태정관에서는 17세기 말 도쿠가와

「이소타케시마 약도」

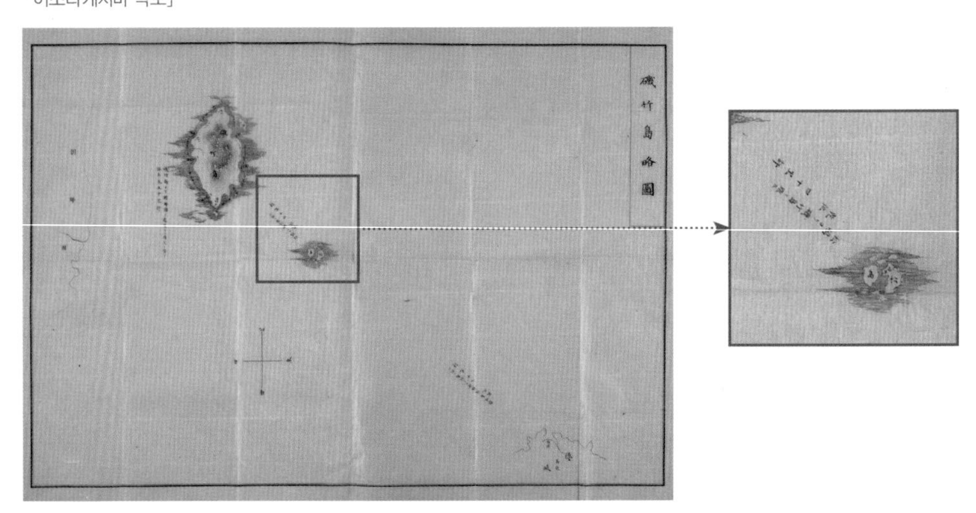

막부가 내린 울릉도 도해 금지 조치 등을 근거로 하여 "울릉도와 독도가 일본과 관계없다는 것을 명심할 것."이라는 지령을 내리게 됩니다.

태정관은 '죽도(울릉도) 외 1도'를 지적에 포함시킬 것인지에 대한 물음의 답변으로 두 섬이 일본과 관계없다는 공식 문서를 보내면서 지도를 첨부했습니다. 바로 「이소타케시마 약도(磯竹島略圖)」라는 지도입니다. 지도를 살펴보면 독도는 당시 일본에서 부르던 이름인 송도(松島)라고 표기되어 있습니다. 이 지도를 통해 또 한 번 1905년 이전부터 울릉도와 독도가 일본의 영토가 아니었다는 것을 명확히 알 수 있습니다.

「이소타케시마 약도」가 제작된 1877년에 메이지 정부가 만든 『대일본전도』가 있습니다. 이 전도는 일본 육군참모국이 영토 전역을 자세하게 그린 지

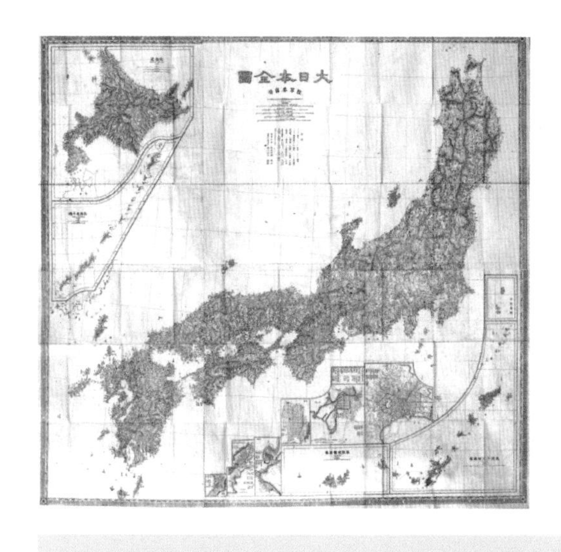

『대일본전도』

품의한 취지의 죽도(울릉도) 외 1도(一島 : 독도)의 건에 대해 본방(本邦, 일본)은 관계가 없다는 것을 명심할 것. 메이지 10년 3월 29일

도임에도 불구하고 울릉도와 독도는 보이지 않습니다. 작은 섬들까지 자세히 그린 지도로서, 당시 일본의 지도 과학 기술을 엿볼 수 있는 대표 지도라는 점에서 볼 때 독도가 제외된 것은 그들이 독도를 인식하지 못한 것이 아니라, 독도가 우리나라의 영토라는 점을 명확히 인정하고 있었기 때문입니다.

독도와 관련 없는 오키섬

메이지 정부 시기 일본은 경제가 성장하면서 과학 기술이 급속히 성장합니다. 특히, 서양의 측량 기술을 받아들인 일본은 지도를 제작하는 기술에서 큰 진전을 보이게 됩니다. 이를 대표하는 지도가 바로 오노에 이노스케(小野英之助)의 「대일본국전도(大日本國全圖)」(1892년)입니다. 이 지도는 보통학전서 제16편 『만국신지도(萬國新地圖)』에 수록된 일본 전도입니다.

「대일본국전도」

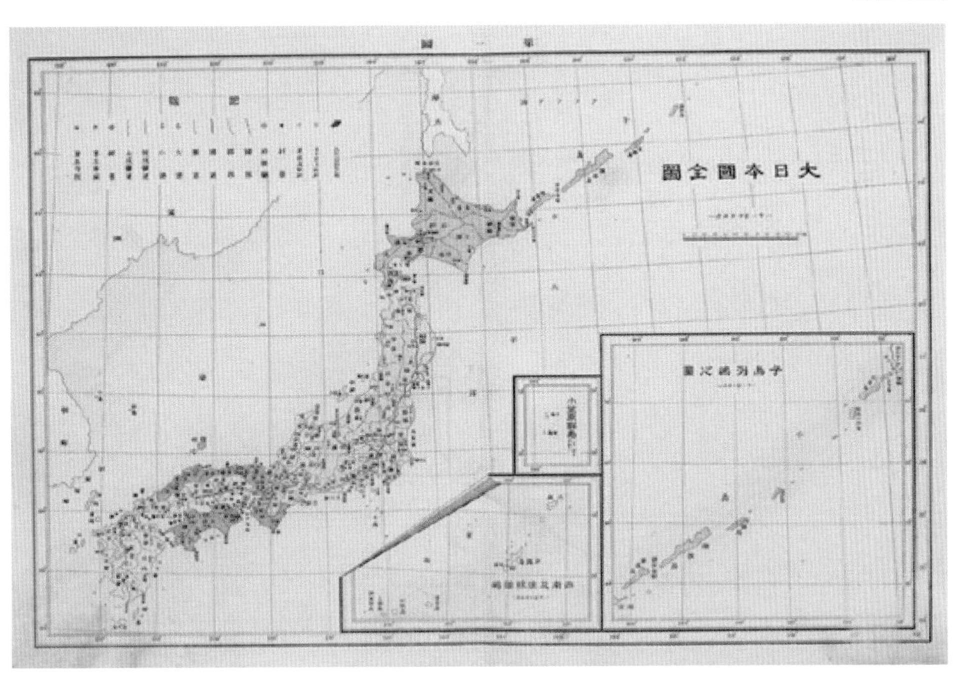

지도를 유심히 살펴보면 일본의 각 지역들을 색으로 표시하고 있습니다. 그런데 울릉도와 독도는 채색된 일본의 오키섬과는 달리 색이 칠해져 있지 않습니다. 다른 지도와 마찬가지로 울릉도와 독도를 조선의 영토로 그린 것입니다. 오키섬의 황색이 울릉도·독도와 너무나 큰 대비를 보입니다. 이것은 울릉도와 독도가 명확히 일본 땅이 아니라는 것을 증명하고 있습니다.

이 밖에 고토 쓰네타로(後藤常太郎)가 제작한 『대일본분현지도(大日本分縣地圖)』(1895년)는 시마네현 관내 위치와 거리 등을 매우 정확하게 나타내고 있는데, 독도는 포함되지 않았습니다. 또한 하마모토 이사오(濱本伊三郎)가 제작한 『극동일로청한사국대지도(極東日露淸韓四國大地圖)』(1904년)는 오른쪽 아랫부분에 「조선신지도(朝鮮新地圖)」를 부록으로 제시하고 있는데, 울릉도와 독도를 강원도와 동일한 연한 보라색으로 채색하고 있습니다.

아시아에서 독보적인 경제 성장을 이루었던 일본이 가장 먼저 했던 일은 우리나라를 동아시아의 침략 기지로 삼는 것이었습니다. 그에 따라 우리나라의 지리와 지질에 관한 연구를 진행하였습니다. 대표적인 것이 한반도의 산지 체계를 지형에 따라 분류하는 것이었습니다. 그래서 우리나라의 산맥 체계를 정리한 학자가 바로 고토 분지로(小藤文次郎)입니다. 그는 지질학, 암석학, 광물학, 화산학을 비롯하여 자연지리학 분야에 깊은 관심을 가지고 연구했던 학자입니다. 그의 산맥론은 학문적 가치를 인정받아 우리나라의 교과서에도 실

「소년」에 실린 토끼 모양의 한반도 지도와 호랑이 모양의 한반도 지도. 한반도의 형상이 토끼 모양이라는 고토 분지로(小藤文次郎)의 주장에 최남선은 한반도가 호랑이 형상을 하고 있다고 반박하였다.

렸습니다. 그가 1903년에 발표한 「조선 산맥론」이라는 논문은 일본이 조선의 지하자원 등을 수탈하는 데 도움을 주었을 것입니다. 심지어 그는 한반도의 모양이 중국을 향해 뛰어가는 토끼를 닮은 형상이라고 주장하기도 했습니다. 문학가이자 사학자였던 최남선은 이와 같은 주장에 대해 반박하면서 한반도가 호랑이 형상이라며 「근역강산맹호기상도(槿域江山猛虎氣像圖)」를 제시하였습니다. 일제강점기에 그려진 지도임에도 불구하고, 울릉도와 독도뿐만 아니라 대마도까지 그려 넣었습니다.

일본 외에도 오래전부터 독도가 우리 땅이었다는 사실을 보여 주는 지도를 만든 국가가 있습니다. 왕실 지리학이 발달했던 유럽에서 동양에 대한 관심이

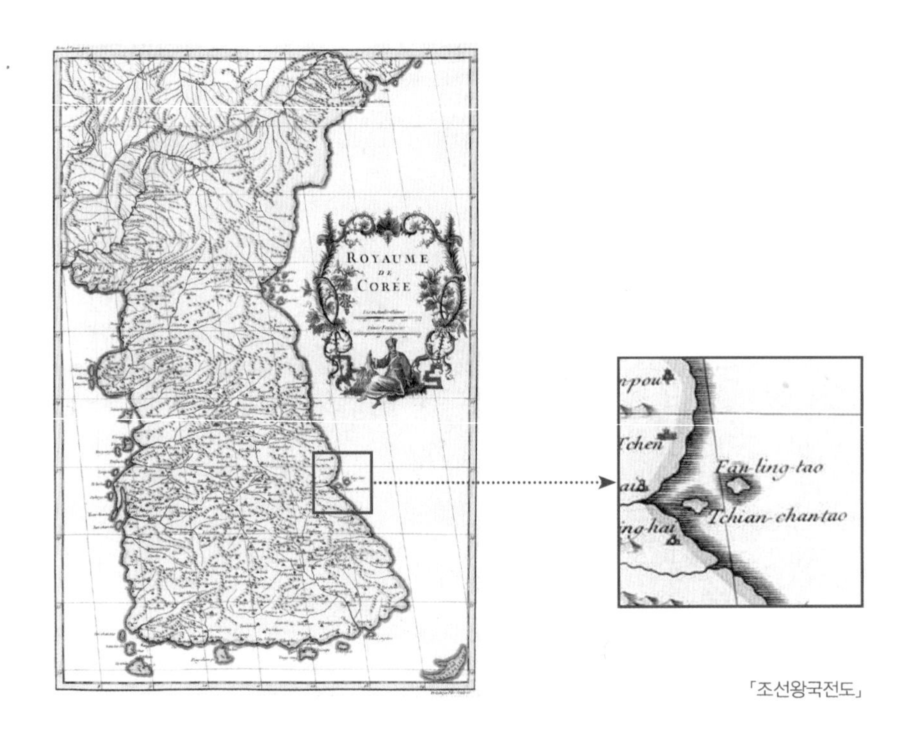

「조선왕국전도」

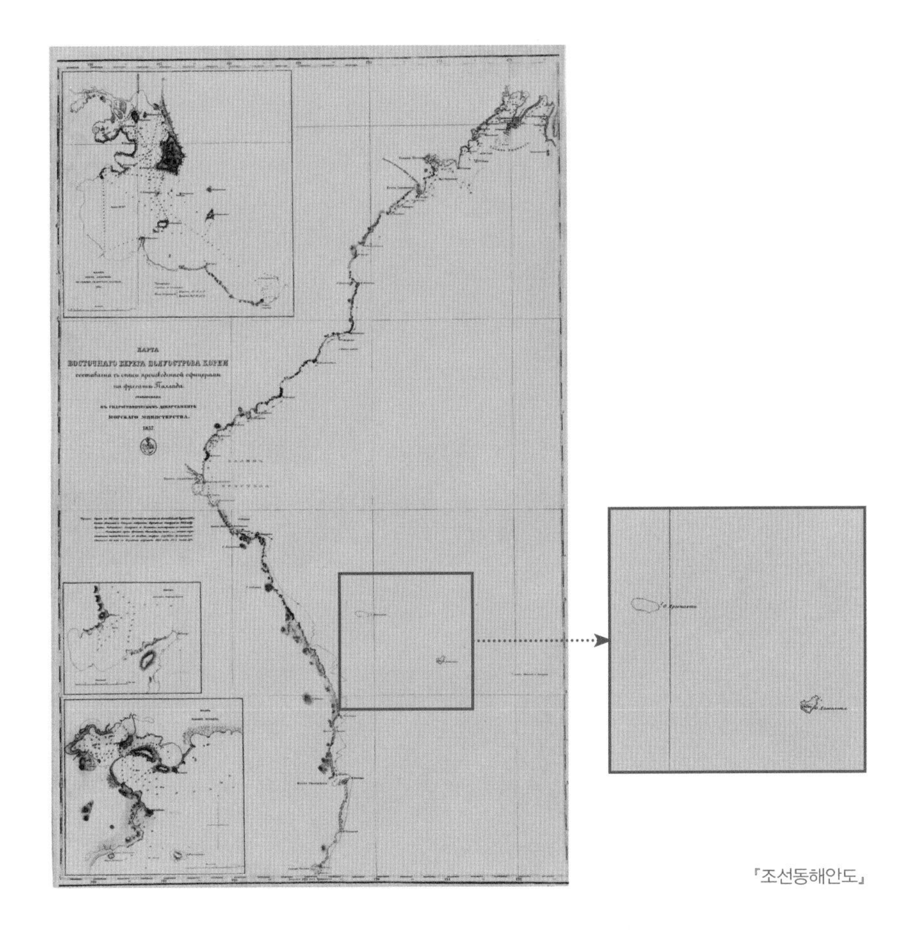

「조선동해안도」

많아지면서 아시아 여러 나라들의 지도를 제작하였습니다. 그중 1737년 프랑스 왕실 지리학자였던 당빌이 제작한 서양 최초의 한국 전도가 있습니다. 그는 중국 최초의 측량 지도인 『황여전람도(皇輿全覽圖)』를 참고하여 『신중국지도첩(Nouvel atlas de la Chine)』을 만들었는데, 「조선왕국전도」가 포함되어 있으며, 이 지도에 울릉도와 독도가 그려져 있습니다.

이 지도는 당시 아시아에 관한 많은 지도와 자료를 검토하여 정확성이 뛰어나지만, 중국어로 된 지명을 참고했기 때문에 울릉도(鬱陵島)를 Fan-ling-

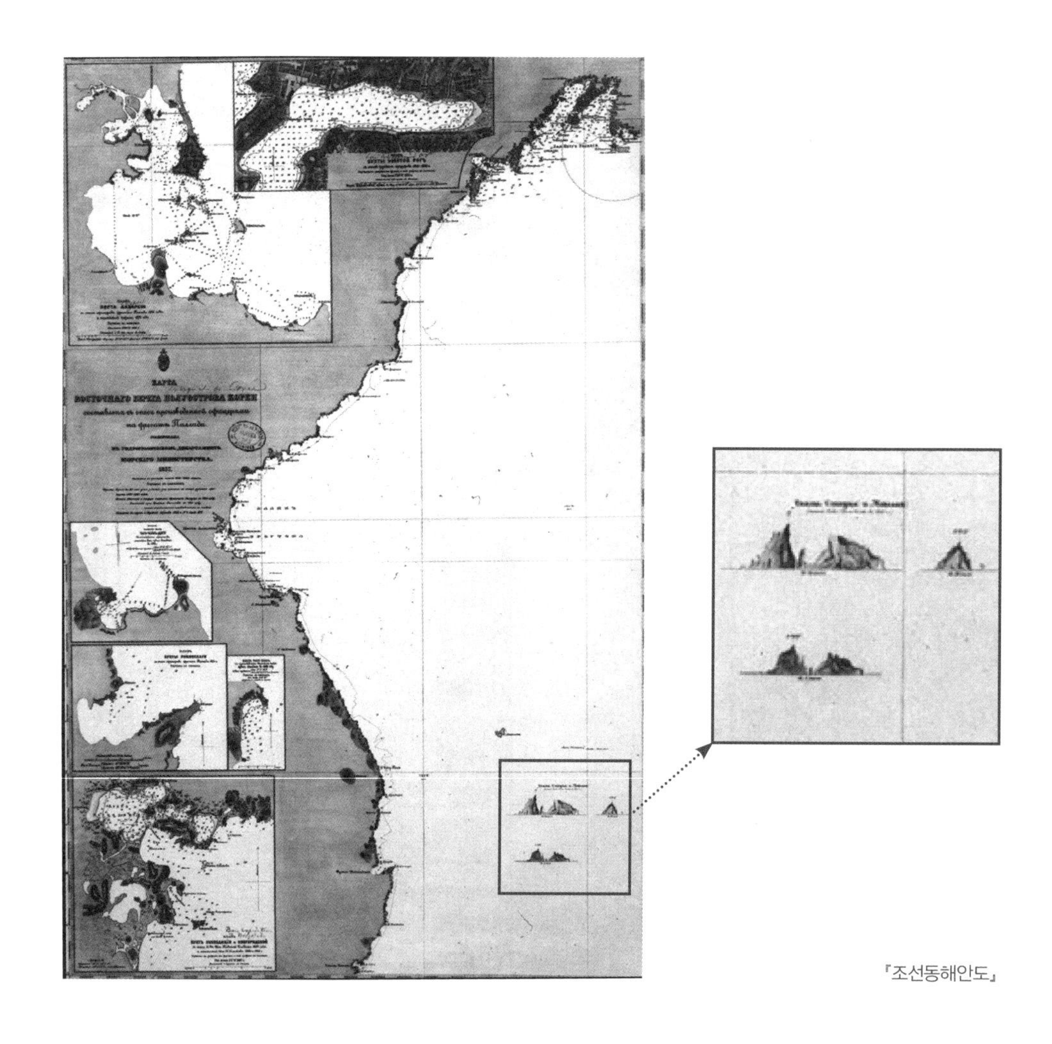

『조선동해안도』

tao, 독도[于山島]를 Tchian-chan-tao로 표기하였습니다. 각각 울릉도와 독도의 중국어 발음을 그대로 표기한 것인데, 독도는 특히 우산도(于山島)의 우(于)를 천(千)으로 읽어 이와 같이 표기하게 된 것입니다. 국경이 압록강과 두만강 위 간도를 포함하고 있어 당시 우리 영토가 어디까지였는지 정확히 파악할 수 있는 중요한 자료입니다.

다른 것으로는 러시아에서 그린 지도가 있습니다. 1854년 팔라다(Pallada)

호의 해군 장교들이 조선의 동해안을 세밀하게 측량한 것을 토대로 1857년에 러시아 해군부 수로국은『조선동해안도』를 제작하였습니다.

이 지도는 독도의 동도와 서도를 자세하게 나타낸 것이 특징입니다. 서도에는 올리부차(Olivutsa), 동도에는 메넬라이(Menelai)라고 표기했습니다. 이것은 당시 러시아 역시 울릉도와 독도를 우리 영토로 인정하고 있었다는 것을 의미합니다.

그뿐만 아니라 1882년에 독도 그림 세 점을 추가하여 개정판으로 발간하기도 했습니다. 1876년 일본의 해군 수로부는 이 지도를 수정하지 않고 번역하여 발간하였습니다. 이 사실은 일본도 독도를 한국의 영토로 인식하고 있다는 것을 보여 줍니다.

프랑스의 지도 제작 기관인 군지도제작소는 현재 프랑스 국립지리원(IGN)의 전신입니다. 1898년 이곳에서 군사·상업적 목적으로 아시아 지역의 지도

「강릉」

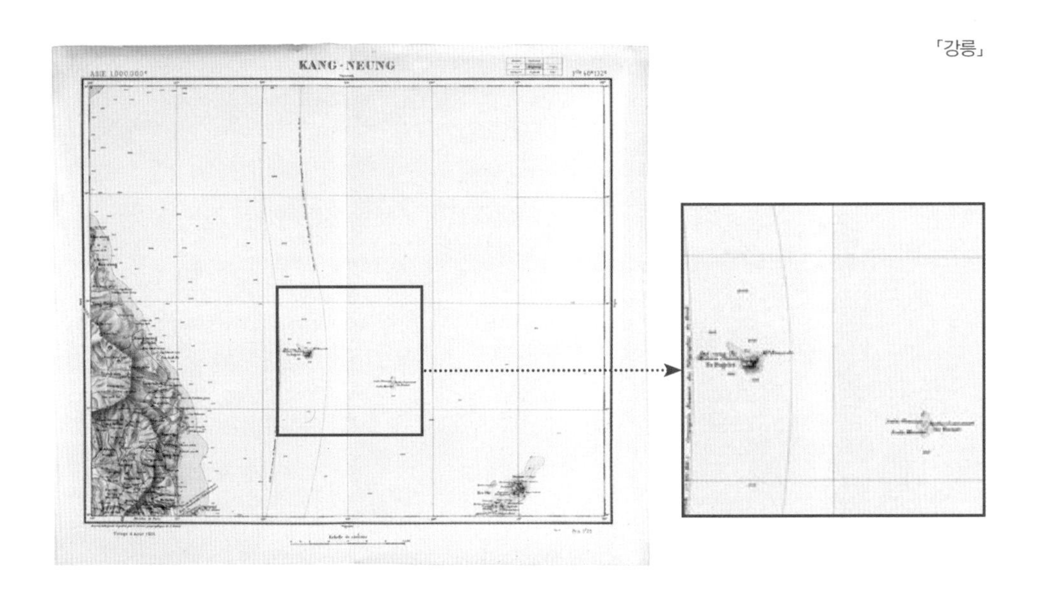

를 제작하였습니다. 오랫동안 수집한 자료를 바탕으로 강릉, 서울, 제주, 블라디보스토크 지도를 함께 발간하였는데, 러시아, 프랑스, 영국 등에서 사용하던 명칭으로 독도를 표기하였습니다. 러시아의 올리부차(Scala Olivutsa)와 메넬라이(Scala Menelai), 프랑스의 리앙쿠르 록스(Rockes Liancourt), 영국의 호넷(Hornet) 등이 모두 표기되어 있습니다.

지도 외에도 독도가 우리 땅임을 보여 주는 외국의 문서가 있습니다. 제2차 세계대전 종전 후 연합국 최고사령관 총사령부는 1946년 1월 29일 연합국 최고사령관 각서(SCAPIN) 제677호를 통해 제주도, 울릉도, 독도를 일본의 통치·행정 범위로부터 완전히 제외시켰습니다. 각서의 제3항에 "일본의 영역에서 제주도와 울릉도, 리앙쿠르섬(독도)은 제외된다."라고 규정하고 있습니다. 일본의 패전으로 대한민국은 주권 회복과 함께 독도에 대한 영유권을 되찾은 것입니다. 이 각서의 규정은 연합국 총사령부가 일본을 점령 통치한 기간 내내 적용되었고, 이후 1951년 샌프란시스코 강화 조약 체결 직후 일본 정부도

연합국 최고사령관 각서(SCAPIN) 제677호

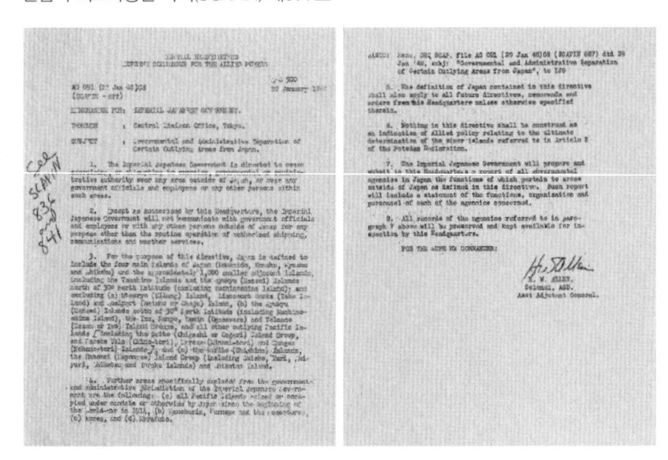
SUPREME COMMANDER FOR THE ALLIED POWERS

AG 091 (29 Jan 46)GS
(SCAPIN - 677)

29 January 1946

MEMORANDUM FOR: IMPERIAL JAPANESE GOVERNMENT.

THROUGH : Central Liaison Office, Tokyo.

SUBJECT : Governmental and Administrative Separation of Certain Outlying Areas from Japan.

See SCAPIN 836 and 841

1. The Imperial Japanese Government is directed to cease [illegible] trative authority over any area outside of Japan, or over any government officials and employees or any other persons within such areas.

2. Except as authorized by this Headquarters, the Imperial Japanese Government will not communicate with government officials and employees or with any other persons outside of Japan for any purpose other than the routine operation of authorized shipping, communications and weather services.

3. For the purpose of this directive, Japan is defined to include the four main islands of Japan (Hokkaido, Honshu, Kyushu and Shikoku) and the approximately 1,000 smaller adjacent islands, including the Tsushima Islands and the Ryukyu (Nansei) Islands north of 30° North Latitude (excluding Kuchinoshima Island); and excluding (a) Utsuryo (Ullung) Island, Liancourt Rocks (Take Island) and Quelpart (Saishu or Cheju) Island, (b) the Ryukyu (Nansei) Islands south of 30° North Latitude (including Kuchinoshima Island), the Izu, Nanpo, Bonin (Ogasawara) and Volcano (Kazan or Iwo) Island Groups, and all other outlying Pacific Islands [including the Daito (Ohigashi or Oagari) Island Group, and Parece Vela (Okino-tori), Marcus (Minami-tori) and Ganges (Nakano-tori) Islands], and (c) the Kurile (Chishima) Islands, the Habomai (Hapomaze) Island Group (including Suisho, Yuri, Akiyuri, Shibotsu and Taraku Islands) and Shikotan Island.

4. Further areas specifically excluded from the governmental and administrative jurisdiction of the Imperial Japanese Government are the following: (a) all Pacific Islands seized or occupied under mandate or otherwise by Japan since the beginning of the World War in 1914, (b) Manchuria, Formosa and the Pescadores, (c) Korea, and (d) Karafuto.

AG 091 Memo, GHQ SCAP, file AG 091 (29 Jan 46)GS (SCAPIN 677) dtd 29 Jan '46, subj: "Governmental and Administrative Separation of Certain Outlying Areas from Japan", to IJG

5. The definition of Japan contained in this directive shall also apply to all future directives, memoranda and orders from this Headquarters unless otherwise specified therein.

6. Nothing in this directive shall be construed as an indication of Allied policy relating to the ultimate determination of the minor islands referred to in Article 8 of the Potsdam Declaration.

7. The Imperial Japanese Government will prepare and submit to this Headquarters a report of all governmental agencies in Japan the functions of which pertain to areas outside of Japan as defined in this directive. Such report will include a statement of the functions, organization and personnel of each of the agencies concerned.

8. All records of the agencies referred to in paragraph 7 above will be preserved and kept available for inspection by this Headquarters.

FOR THE SUPREME COMMANDER:

H. W. ALLEN,
Colonel, AGD.
Asst Adjutant General.

독도가 일본의 관할 구역에서 제외된 사실을 분명히 확인하였습니다.

그럼에도 불구하고, 일본은 연합국 최고사령관 각서는 영토 귀속에 대한 최종 결정 사항이 아니며, 샌프란시스코 강화 조약의 최종 항목에 일본이 돌려줘야 할 영토에 독도가 없었기 때문에 독도가 자신들의 영토라고 주장합니다.

제7장

독도를 지킨 사람들

신라 장군 이사부

우산국을 신라 영토에 편입한 이사부

우리 역사 속 독도의 시작은 512년 이사부로부터 시작됩니다. 당시 이사부는 지금의 강릉인 하슬라주의 군주가 되어 우산국을 정복하였습니다. 그 기록은 『삼국사기』에 고스란히 담겨 있습니다.

『삼국사기』에 이사부의 이름으로 등장하는 이 인물은 내물왕의 4대손으로, 왕족이며 김씨 성을 가진 신라 시대의 장군입니다. 그는 지증왕 6년(505) 실직주(삼척)의 군주가 되었다가, 지증왕 13년(512)에는 하슬라주(강릉)의 군주가 되었습니다. 이 해 우산국을 신라에 편입하였는데, 『삼국사기』에 기록된 내용을 보면 우산국 사람들이 사납고 거칠었으므로 힘으로 굴복시키기가 어려워, 이사부가 꾀를 내어 우산국을 복속시켰습니다. 우산국에 도착한 이사부는 해안에 이르러 거짓으로 다음과 같은 말을 하였습니다.

"너희들이 만약 항복하지 않으면 이 사나운 사자들을 풀어 모조리 밟혀 죽게 하리라."

이에 우산국 사람들은 항복하고 순순히 매년 조공을 바치기로 합니다. 이때부터 우산국은 우리 역사와 함께하게 되었습니다. 당시 우산국은 울릉도와 독도를 포함한 국가로 『세종실록』「지리지」에 기록되어 있습니다.

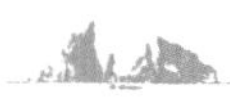

조선의 민간 외교관 안용복

안용복 동상

"여러분, 일본으로 건너가서 독도가 우리 땅이라는 것을 알리고, 이를 확인하고 온 사람은 누구일까요?"

"안용복이요."

"예, 아주 잘 알고 있네요. 그럼 그가 일본까지 가게 된 이유는 무엇인지 알고 있나요?"

"음, 왕이 시켜서 간 거 아닌가요?"

"안용복이 일본에 간 것은 왕이 시켜서 한 일이 아니었습니다. 그렇다면 안용복이 어떤 인물이고 일본까지 가게 된 이유가 무엇인지 알아보도록 하죠."

독도와 관련하여 빼놓을 수 없는 인물은 안용복입니다. 민간 외교관이라고 부르는 이유는 무엇일까요? 그것은 그의 직업이 당시 공무와 관련 없는 일이었기 때문입니다. 그에 대한 기록은 이익이 저술한『성호사설』에서 찾을 수 있습니다. 동래 출신의 뱃사공으로, 경상 좌수영의 노꾼이었던 안용복은 왜관에 출입하면서 일본어를 익혔다고 합니다. 일본의 기록에도 안용복이 등장하

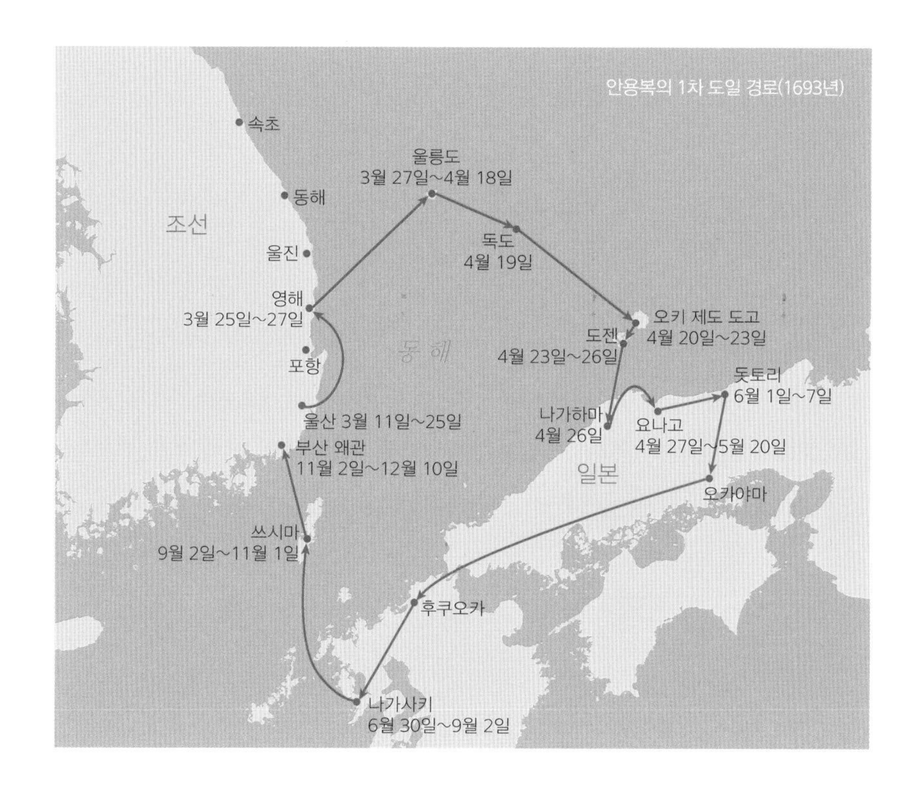

는데, 서울에 사는 오충추(吳忠秋)의 사노비로서 부산 좌천리에 살았다고 합니다. 두 사료를 보건대, 안용복의 신분은 평민보다 낮았다는 것을 알 수 있습니다. 1696년 당시 출생지와 나이도 43세, 33세, 36세 등으로 분명하지 않습니다. 정확하지 않은 신분임에도 불구하고, 그는 당시 독도를 지키기 위해 1693년과 1696년에 걸쳐 두 차례나 직접 일본에 가서 문제를 제기하였습니다.

안용복이 처음으로 일본에 가게 된 것은 자의가 아니었습니다. 제1차 도일이라고 불리는 첫 방문은 1693년 3월 안용복과 울산 출신 어부 40여 명이 울릉도에서 고기를 잡다가 일본 어부들과 마주쳤고, 실랑이를 벌이다가 일본으로 끌려가게 됩니다. 안용복 일행은 이 사건을 통해 일본의 부당함을 알게 되

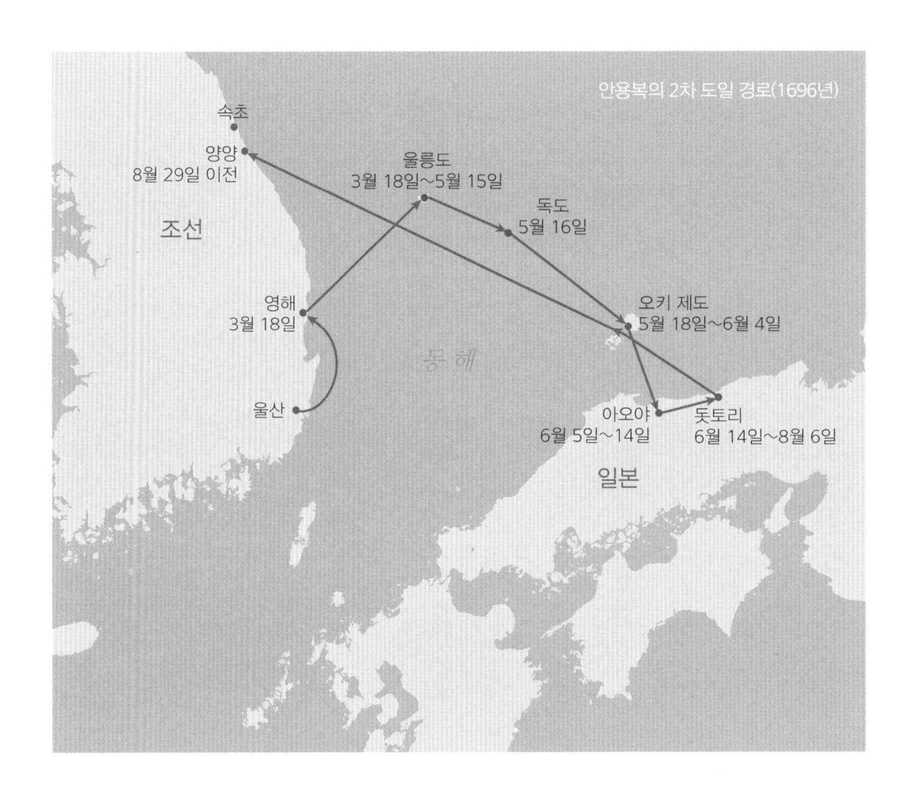

었고, 울릉도와 독도는 조선의 땅이라고 주장하며 자신들을 납치한 행위에 대해 항의하였습니다. 이에 대해 조사와 논쟁을 반복하다가 막부는 안용복과 일행을 돌려보내게 됩니다.

이후로도 두 나라는 울릉도와 독도를 두고 서로 다투는 일이 많아졌습니다. 하지만 일본은 1696년 울릉도와 독도가 조선 땅임을 인정하게 됩니다. 이를 계기로 일본 어민들에게 울릉도에 가지 못하도록 하는 '다케시마(竹島: 울릉도) 도해 금지령(渡海禁止令)'을 내리게 됩니다.

1696년(숙종 22년) 동료 어부 16명과 울릉도에 고기를 잡으러 간 안용복은 일본 어선을 발견하고, "울릉도는 본래 우리의 경지인데, 왜인이 어찌 감히 월

경하여 침범하는가. 너희들을 모두 묶어 마땅하다."라며 꾸짖었습니다. 또한 우산국에 남아 있는 일본 사람들을 돌려보내고, 일본으로 찾아가서 스스로 돗토리 번주에게 "수년 전에 내가 이곳에 들어와 '울릉, 자산' 등의 섬이 조선 지계임을 확인하고 관백의 문서를 받아간 일이 있는데, 이 나라는 또 우리의 경지를 침범했으니, 이것이 무슨 도리인가."라고 항의하여 번주의 사과를 받았습니다. 이것이 바로 안용복의 제2차 도일입니다.

이 일들을 가리켜 '안용복 사건'이라고 합니다. 또 이것을 '울릉도 쟁계(爭界)'라 하고, 일본에서는 '다케시마 일건(竹島一件)'이라고 합니다. 두 사건을 정확하게 표현하자면, 1693년의 첫 번째 사건은 납치된 일이었기 때문에 '안용복 피랍 사건'이 되고, 1696년 두 번째 사건은 자발적인 방문이었기 때문에 '안용복 도일 사건'이라고 할 수 있습니다.

특히 1696년 1월, 에도 막부는 울릉도와 독도의 조선 영속과 일본 어민의 도해·어업 금지를 결정합니다. 하지만 대마도가 서계 접수를 미루어 시행이 늦어지고 있었습니다. 안용복은 직접 이 문제를 해결하기로 마음먹고, 만반의 준비를 하고 울릉도에 들어온 일본 어민들을 쫓아가게 됩니다. 일본 어민들은 독도를 거쳐 오키섬으로 도망갔고, 안용복은 그곳까지 쫓아가서 울릉도와 독도가 조선의 섬임을 주장하며 돗토리 번주에게 보고해 줄 것을 요청합니다.

그럼에도 불구하고, 안용복은 아무 소식이 없자 당시의 호키로 직접 가서 항의하기로 하면서 미리 준비한 관복을 입고, '울릉자산 양도 감세장(鬱陵子山兩島監稅將)'이라고 쓴 깃발을 달아 문제가 되었습니다. 그는 울릉도와 독도가 조선 땅으로 명확하게 나타나 있는 「조선팔도지도」까지 준비하는 등 치밀함을 보였지만 안용복 일행이 조선의 관원이 아니라는 사실이 들통나자, 결국 일을 해결하지 못한 채 조선으로 송환됩니다. 안용복은 스스로 관리라 칭

하였고 자발적으로 국경을 넘었기 때문에, 더욱 무거워진 죄목으로 가혹한 처벌을 받게 됩니다. 안용복 일행은 1696년 8월 추방되어 강원도 양양으로 돌아와 현감에게 구금되었다가 며칠 뒤 탈출하였고, 다시 체포되어 사형을 선고받게 됩니다. 하지만 대신들은 사형을 주장하는 노론과 감형을 주장하는 소론으로 갈라졌고, 이후 공을 인정해 유배형으로 감형됩니다.

독도의용수비대, 독도를 지켜 내다

독도의용수비대를 아시나요? 1952년 2월 27일 미국이 독도를 미군의 폭격 훈련지에서 제외하자, 일본은 기회를 놓치지 않고 불법으로 독도에 들어와서 시마네현 오키군 다케시마[島根縣隱岐郡竹島]라고 쓴 표목을 세우는 일을 자행합니다. 당시 6.25 전쟁으로 우리나라는 국토 전역이 황폐화되었습니다.

독도 경비 초사 및 표석 제막 기념

매우 혼란한 시기였기에, 독도에 우리 정부의 행정력과 군사력이 미치기 어려웠습니다. 그럼에도 우리 정부는 인접 해양의 주권에 대한 대통령 선언을 발표하여, 독도가 우리 영토이며 그 주변 12해리가 우리의 영해임을 확고히 주장하였습니다. 이에 일본은 이를 인정할 수 없다는 반박서를 우리 정부에 보내옵니다.

전쟁에서 전상을 입은 울릉도 출신 홍순칠은 1953년 4월 독도의용수비대를 창설합니다. 대원은 대부분 6·25 전쟁에 참전했던 군인 출신으로, 대장은 홍순칠이, 편제는 각각 15명으로 이루어진 전투대 2조, 울릉도 보급 연락 요원 3명, 예비대 5명, 보급선 선원 5명 등으로 구성되었습니다. 이후 33명으로 줄었지만, 1953년에서 1956년에 걸쳐 독도에서 일본의 불법 점령을 막아 낸 것은 울릉도 출신 민간인들로 구성된 독도의용수비대원들이었습니다. 이들은 동도 바위 벽에 '韓國領(한국령)'이라는 이름을 새겨 독도가 한국 영토임을 분명히 하였고, 무기를 직접 구입하여 여러 차례 일본과의 교전을 승리로 이끌어 내었습니다.

독도는 독도 경비대가 지키고 있습니다

독도 경비대는 군인이 아니라 경북지방경찰청 울릉 경비대 산하 경찰 조직입니다. 가끔 학생들이 독도를 왜 군인이 지키지 않고 경찰이 지키는지 묻는데, 이는 우리나라의 주요 섬들에 군인이 배치된 경우가 많기 때문입니다. 독도 경비대가 경찰인 이유를 잘 생각해 보세요.

"군대가 지키는 것과 경찰이 지키는 것의 차이는 무엇일까요?"

"군대가 지킨다는 것은 다른 나라와의 관계 속에서 지켜야 할 필요가 있는 것을 보여 주려는 거 같아요. 근데 경찰이 지킨다는 것은 '우리 땅'이 당연하다는 것을 보여 주는 거 같아요."

독도를 지키는 경찰청의 독도 경비대

"예, 맞아요. 군대가 없다는 것은 우리 영토이기 때문에 경찰로 충분다는 애기겠죠. 독도가 분쟁의 대상이 아니라는 것을 반증하는 것이죠."

"아! 선생님, 서울이나 부산에 경찰들이 있는 것과 같은 거네요."

경찰이 독도 경비 임무를 수행한 것은 1954년 7월 28일 독도의용수비대로부터 독도 경비 업무를 인수한 이후부터입니다. 1984년 7월에는 제318 전투경찰대를 창설하고, 1991년 5월에는 경비 막사를 증축하였습니다. 1993년 12월에는 경찰 통제 레이더 기지를 설치하였고, 1996년 5월 독도 해상 경비 및 독도 경비대 보강 대책을 수립하기 위하여 통합방위본부 주관으로 독도 경비를 보강하기 위한 군경 합동 점검을 실시하였습니다. 경비 체제를 개선하고 보완하기 위하여 1996년 6월 27일에는 독도 경비대와 울릉도 경비를 전담하고 있는 전경대와 통합하여 울릉 경비대를 창설하고, 독도 경비대를 두었습니다.

독도 경비대는 1개 소대 규모의 병력이 독도 경비 임무를 수행하고 있으며, 일본 순시선 등 외부 세력의 침범에 대비해 첨단 과학 장비를 이용하여 24시간 해안 경계를 하고 있습니다. 전력은 자체 발전기로 모든 장비와 조수기를 가동할 수 있으나, 혹독한 날씨와 염분으로 발전기가 중단된 일이 많아서 전력을 최대한 아껴서 사용합니다. 물론, 경비 대원들이 사용하기에는 부족함이 없습니다.

독도 경비대는 독도의 인기만큼이나 입대 경쟁률이 높습니다. 그 경쟁률은 평균 15대 1이 넘습니다. 독도에 도착하면 가장 먼저 반갑게 경례로 맞아 주시는 분들이 바로 이 독도 경비대원입니다. 독도를 찾는 사람들이 함께 사진을 찍을 수 있도록 배려하고 있습니다. 독도 경비대를 꿈꾸는 친구들이 있나요? 독도를 관할하는 경북지방경찰청은 매월 7~12명의 독도 경비 대원을 뽑고 있습니다.

지금, 독도에는 누가 살고 있나요?

1991년부터 김성도, 김신열 씨 부부는 독도에서 생활하고 있습니다. 이 부부의 집 주소는 '경상북도 울릉군 독도리 안용복길 3으로 주민 숙소입니다. 2007년에는 독도리 이장에도 취임하였습니다. 현재 독도에는 이 부부 이외에도 경찰과 공무원 등을 포함하여 40여 명 정도가 생활하고 있습니다. 그렇다면 독도에 주소를 두고 있는 사람들은 얼마나 될까요? 독도에 거주하는 것은 아니지만, 2011년을 기준으로 2400여 명이 독도를 본적지로 하고 있습니다. 1999년 일본인 호적 등재 보도 이후에 '독도로 호적 옮기기 운동'이 범국민적으로 전개되면서 국민의 호응이 높아졌기 때문입니다.

김 씨 부부 이전에는 독도 근해에 들어와 미역이나 전복을 채취하고 고기잡이를 하면서 잠시 머무르기는 했지만, 어민이 오래 살았다는 기록은 아직 찾지 못했습니다. 본격적으로 독도에 어민이 상주한 것은 1965년 울릉도 주민 최종덕 씨가 입도하면서부터입니다. 1968년 5월부

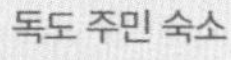
독도 주민 숙소

터 독도에 시설물을 만들었고, 당시 주소는 경상북도 울릉군 울릉읍 도동리 산 67번지였습니다.

최종덕 씨는 울릉도와 독도를 오가면서 생활하다가 1980년 일본이 독도의 영유권을 주장하자, "단 한 명이라도 우리 주민이 독도에 살고 있다는 증거를 남기겠다."라고 하며 1981년 10월 14일 독도로 주민 등록지를 옮겼습니다. 그리고 1987년 생을 마감할 때까지 독도에서 생활하였습니다. 그의 뒤를 이어 그의 딸과 사위인 최경숙, 조준기 씨가 독도에서 생활하기도 하였습니다. 현재 독도의 주민인 김성도 씨는 최종덕 씨가 운영하던 덕진호의 선원이었는데, 최종덕 씨가 세상을 떠난 이후부터 명성호를 이끌며 독도에서 어로 활동을 하면서 독도에 정착하였습니다.

독도 최초의 상주 주민인 최종덕 씨와 그의 가족

독도에 주민이 있다는 것은 생각보다 의미 있는 일입니다. 이는 무인도가 아니라 유인도라는 점을 말해 줄 뿐만 아니라, 우리가 현재 독도를 실제로 지배하고 있다는 사실을 명확히 보여주는 훌륭한 단서가 되기 때문입니다.

제8장

우리 땅은 어디까지일까요?

한반도의 영역은 어디까지인가요?

영역이란 한 나라의 주권이 미치는 공간적인 범위로, 영토, 영공, 영해로 구성됩니다. 쉽게 말해 영토는 땅, 영공은 하늘, 영해는 바다입니다. 먼저, 우리가 살고 있는 땅인 영토를 알아볼까요? 영토는 크게 한반도와 그 부속 도서로 이루어집니다. 부속 도서는 한반도 주변의 섬을 말하는데, 우리나라의 부속 섬은 공식적 자료에 따르면 3358개(2010년 기준)에 달합니다. 이 중에서 무인도는 2876개로 많은 부분을 차지합니다. 정부가 전국 지자체를 중심으로 잠정 집계한 섬 개수는 4201개라고 합니다. 섬이라고 해서 바다에만 있는 것은

영토, 영공, 영해의 범위

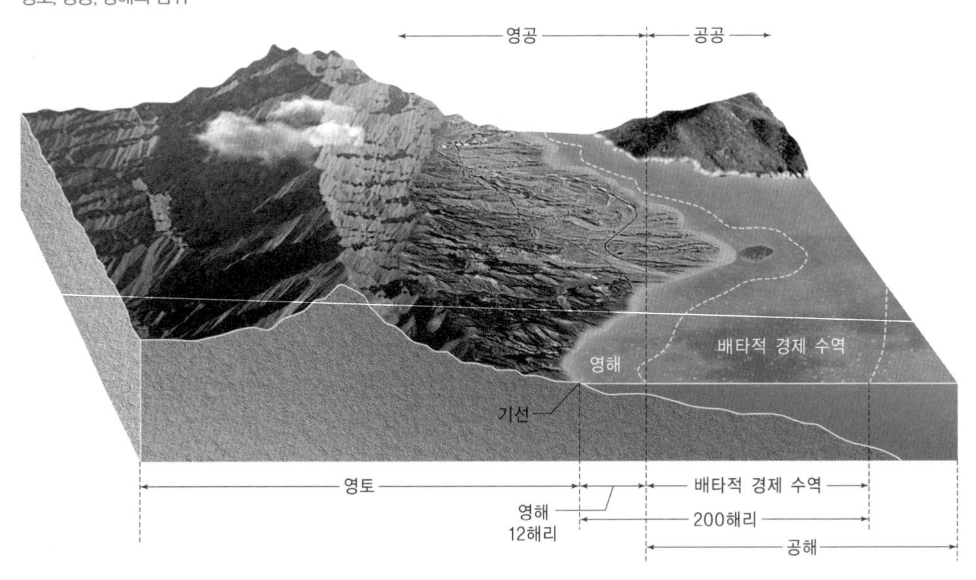

아닙니다. 서울의 경우 4개의 섬이 등록되어 있는데, 이것은 강에도 섬이 있기 때문입니다.

우리 국토의 면적은 얼마나 될까요? 남북한을 합친 면적은 영국과 비슷합니다. 그 면적은 약 230,000km²로 북한은 122,762km²(2010년 기준), 남한은 100,188km²(2013년 기준)입니다. 남한의 경우, 10년 전(2003년 99,601km²)에 비해 여의도의 200배가 넘는 587km²가 증가하였습니다. 국토의 면적은 여러 가지 개발 사업으로 매년 바뀌고 있어 수치에 불과한 것이 되었지만, 영토가 중요한 이유는 영해와 영공을 정하는 중요한 기준이 되기 때문입니다. 영토의 면적이 변화한다면 영해와 영공의 범위도 바뀌게 됩니다. 만약 간도를 되찾게 된다고 가정해 보세요. 그렇다면 간도의 면적만큼 영해와 영공도 함께 늘어나게 되는 것입니다.

영해는 영토에 인접한 해역을 말합니다. 범위는 일반적으로 최저 조위선에서 12해리까지입니다. 최저 조위선은 가장 낮은 수위의 조류가 형성하는 해안선을 말합니다. 우리나라는 1977년 12해리의 영해를 '영해법'에 따라 선포합니다. 대한 해협 3해리를 유지하기로 했으나, 영해선을 설정하는 기선은 통상기선(通常基線)에서 직선 기선(直線基線)으로 인정하였습니다.

영해는 영토와 같이 주권이 미치는 범위로 배타적인 권리를 가지고 있습니다. 이 안쪽으로는 다른 나라의 전투함이나 어선은 들어올 수 없습니다. 모든 국가의 선박이 해양법에 관한 국제연합협약 17조, 19조 1항에 따라 평화, 질서, 안전상의 문제가 없는 경우 지나갈 수 있는 무해통항권(right of innocent passage, 無害通航權)을 가지고 있습니다.

항해·항공 등에서 사용되는 길이의 단위인 해리는 위도 1′의 평균 거리를 말하며, 미터로 바꾸면 1852m입니다. 영해의 개념은 최저 조위선과 해리만

우리나라의 직선 기선과 영해선.
주권이 미치는 바다인 영해는 최저 조위선으로부터 12해리이다.

알면 될 것 같지만 영해선의 기준이 다른 경우를 유의해야 합니다. 왜냐하면, 우리나라의 서해나 남해는 직선 기선을 사용하는데, 동해는 통상 기선을 사용하기 때문입니다. 직선 기선은 섬들이 많은 지역에서 최외곽의 섬을 이은 선을 말하고, 통상 기선은 외곽에 이을 섬이 없는 경우 해안의 최저 조위선을 말합니다. 그래서 이을 섬이 없는 동해안의 영해가 서해안의 영해보다 작아 보입니다. 울릉도와 독도는 남해에 있는 제주도와 같이 자체적으로 통상 기선을 사용합니다. 독도 근해에 일본의 어선이나 군함이 들어오면 안 되는 것이죠. 이와 같은 영해선은 언제 정해졌을까요? 영해선의 기준인 12해리가 만들어지기 이전에는 "국토의 권력은 무기의 힘이 그치는 곳에서 끝난다."라는 착탄 거리설(cannon shot rule, 着彈距離說)에 따라 3해리가 영해선이었습니다. 3해리는 18세기에 가장 강력한 무기였던 대포의 위력이 미치는 범위를 말합니다. 군사적으로 해양을 장악하려던 강대국들은 3해리에 찬성했지만 이에 반대하는 국가도 있었습니다. 엘살바도르와 우루과이는 스스로 영해를 넓히며 200해리를 주장하기도 합니다. 이처럼 영토는 그 경계가 명확한 반면에 영해는 경계를 설정하는 국가에 따라 제각각이었습니다. 이러한 문제를 해결하기 위해 국제 사회는 함께 모여 해결 방안을 모색하게 되었고, 이를 위한 모임이 'UN 해양법 회의'였습니다. 제1·2차 UN 해양법 회의에서는 결정을 내리지 못하다가, '제3차 UN 해양법 회의(1973~1982)'에서 합의에 이르게 되었습니다. 이 회의를 통해 'UN 해양법 협약'을 채택하면서 영해선 12해리와 배타적 경제수역에 합의하게 됩니다. 접속 수역은 관세, 재정, 출입국 관리 등의 규칙 위반을 예방하거나 처벌하는 데 필요한 국가 통제권을 행사할 수 있는 범위(UN 해양법 협약 제33조)를 말하는데, 영해선이 12해리로 확정되면서 영해를 포함하여 24해리까지로 범위가 확대됩니다(UN 해양법 협약 제3조). 우리나라는 1995년에 접속 수역의 범위를 선포하게 되었습니다.

다음으로 영공은 주권이 미치는 하늘, 즉 영토와 영해의 상공을 말합니다. 영공 주권을 다룬 '시카고 협약 1조'는 '완전하고 배타적인 주권'으로서 영공의 성격을 부여하고 있습니다. 영공 주권은 영해와 달리 무해 항행을 인정하지 않지만 최근 상업 항공이 확대되어 가면서 무해 항공(無害航空)은 조약상 인정하고 있습니다.

그렇다면 영공의 수직적 한계는 어디까지일까요? 범위는 아직까지 확정된 것은 없지만 인공위성 궤도 비행의 최저 고도인 100~110km로 봐야 한다는 궤도 비행설(인공위성설)과 영공 무한설, 실효적 지배설 등 세 가지가 있습니다. 미국과 일본은 영공의 수직적 범위에 대한 기준을 확정하면 우주 활동이 위축될 수 있고, 국가 간의 분쟁이 발생할 수 있다는 입장이며, 프랑스와 독일 등의 국가는 지상에서 100km까지의 상공을 영공이라고 주장하고 있습니다. 하지만 40년 넘는 회의를 진행하면서도 아직까지 영공의 한계를 설정하지 못하고 있습니다.

최근에는 인공위성, 우주, 항공 등 기술의 발달로 영공의 범위를 설정하는 문제에 대해서 여러 가지 의견이 제기되고 있습니다. 현재 지구를 돌고 있는 인공위성은 3000여 개로 파악되며, 폐기된 인공위성, 발사체 부산물, 우주 물체 충돌에 의해 발생하는 파편은 2만여 개로 추정됩니다. 더구나 매년 평균 80톤에 이르는 우주 잔해물이 지구상으로 추락하는 문제도 커지고 있습니다.

최근 대륙 간 탄도 유도탄의 경우 사정거리가 3000~4000km에 이르며, 최대 500km까지 상승하여 100km의 이상의 높이에서 움직이기 때문에 국제 사회를 긴장시키는 요인이 되고 있습니다. 우리나라는 고도 30km의 미사일이나 항공기만 요격할 수 있는 상태로, 영공에 대한 논의가 불가피해 보입니다.

영공의 중요성이 커지게 되면서 공해와 무주지의 상공인 '공공(公空)'에 대한 관심도 높아지고 있으며, 국가 간의 갈등도 발생하고 있습니다. 영공 이외의 상공인 공공에 몇몇 국가들이 '방공 식별권(Air Defence Identification Zone: ADIZ)'이라는 구역을 설정한 것입니다. 영공의 침입을 방지한다는 명목으로 설정된 이 방공 식별 구역을 통과하기 위해서는 관제관에 통보해야 합니다. 우리나라도 최근 이 문제 때문에 방공 식별권을 다시 설정하였습니다.

배타적 경제 수역(EEZ)과 중간 수역

배타적 경제 수역(Exclusive Economic Zone: EEZ)은 연안국이 자국 해안으로부터 200해리(370km) 안에 있는 해양에 대한 배타적 권리를 갖는 수역을 말합니다. 해양 자원의 탐사와 개발 및 보존, 해양 환경의 보존과 과학적 조사 활동 등 모든 주권적 권리를 인정하는 UN 해양법상의 개념입니다.

배타적 경제 수역은 영해를 포함한 200해리입니다. 영해가 더 큰 권한을 가지고 있으므로 200해리 중 영해의 범위는 제외해야 합니다.

"선생님, 그러면 배타적 경제 수역의 범위를 200해리에서 12해리를 빼고 188해리라고 하면 되는 거 아닌가요?"

"네 말이 틀린 것은 아닌데, 그건 일부 수역에만 해당한단다. 그 이유는 통상 기선을 사용하는 범위에서만 188해리가 되고, 직선 기선을 사용하는 범위에서는 달라지기 때문이야."

"아! 그렇군요."

배타적 경제 수역은 영해와 어떤 차이가 있을까요? 영해는 주권이 미치는 범위인 데 비해, 배타적 경제 수역은 주권이 미치는 범위가 아닙니다. 하지만 배타적 경제 수역을 경제적 주권이 미치는 범위라고 표현하기도 하여 영해 못지않은 힘을 가졌다고 볼 수 있습니다. 배타적 경제 수역은 화물선, 여객선, 해저 전선 부설 등을 인정하고 있습니다. 이에 제외되는 것은 잠수함, 어업선, 자원 탐사선, 전투기, 감시용 항공기 등 경제적인 이권을 침해하거나 군사적으로 위협할 수 있는 것들입니다.

세계 각국이 배타적 경제 수역을 선포하게 된 이유 중 하나는 1982년 튀니지·리비아 대륙붕 사건 때문입니다. 이후, 1983년 미국과 1984년 구소련(지금의 러시아)이 배타적 경제 수역을 발 빠르게 선포한 후 세계 주요 강대국들이 이를 선포하였습니다. 한국은 조금 늦은 1996년 8월 8일에 '배타적 경제 수역법'을 제정합니다(배타적 경제 수역법 2조).

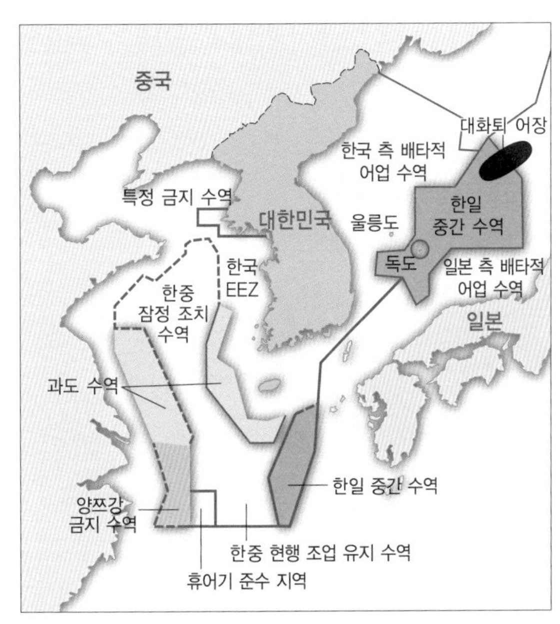

우리나라의 배타적 경제 수역

사실, 배타적 경제 수역 선포의 이면에는 강대국들의 힘의 논리가 숨겨져 있습니다. 그들은 넓은 영토를 바탕으로 자원이 풍부한 거대 바다를 놓치지 않고 선점하기 위해서 이를 선포한 것입니다. 러시아, 미국, 중국 등과 같이 국토의 면적이 넓어 그 범위가 해양과 많이 접하는 국가들과 영국, 일본처럼 많은 부속 섬들을 가진 국가들은 어마어마하게 넓은 바다 영토를 가질 수 있었습니다.

그렇다면 우리나라는 어떨까요? 3면이 바다로 둘러싸인 반도국이지만 중국과 일본이 가로막고 있어 바다 영토가 넓지 않습니다.

"선생님, 우리나라의 배타적 경제 수역은 왜 이렇게 좁아요?"

"그건 일본과 중국과의 거리가 가깝기 때문이에요. 반씩 나누어야 하니까요. 이처럼 주변 국가와의 거리가 가까운 경우에는 배타적 경제 수역 외에 다른 개념의 수역이 존재하게 됩니다. 함께 알아보도록 하죠."

앞에서 말한 것처럼, 우리나라의 바다는 일본과 중국으로 막혀 있기 때문에 배타적 경제 수역을 정확히 반으로 나누지 못하고, 일부 수역은 중간 수역, 잠정 조치 수역, 과도 수역이라는 한일 중간 수역, 한중 잠정 조치 수역, 한국 측 과도 수역, 중국 측 과도 수역 등 일본과 관련되어 있습니다. 우리나라만의 바다가 아니라 공동으로 쓰는 바다라는 점을 짐작해 볼 수 있습니다.

먼저, 한일 중간 수역을 보면 한국과 일본의 배타적 경제 수역 사이에 위치하고 있습니다. 그래서 한국에서는 중간 수역으로 구분되는데, 일본에서는 잠정 수역(暫定水域)으로 구분됩니다. 한국은 위치적인 측면에서 중간 수역이라는 이름을 붙인 것이고, 일본은 잠정적으로 합의한 수역이라는 의미에서 잠정 수역이라고 이름을 붙인 것으로, 둘의 큰 차이점은 없습니다.

중간 수역은 1965년에 체결한 한일 어업 협정을 폐기하고 새롭게 만든 신 한일 어업 협정에 도입한 수역입니다. 중간 수역은 독도가 있는 동해에 한 곳이 있고, 제주도 남부와 규슈 서부 사이의 남해에 위치하고 있습니다.

자체 12해리의 영해를 가지고 있지만
중간 수역 안에 포함되어 있는 독도

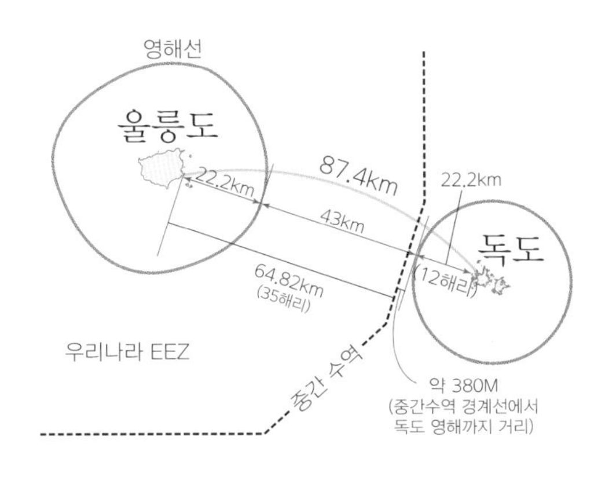

우리나라의 배타적 경제 수역을 설정할 때 독도를 포함했었죠. 그런데 일본이 독도가 자국의 영토라고 주장하면서, 독도를 포함하여 배타적 경제 수역을 설정하였고, 결국에는 중간 수역이 되었습니다. 중간 수역은 말 그대로 양국의 중간에 위치하고 있는 지역을 말하는데, 공동 어업 행위와 탐사를 할 수 있는 해역

입니다.

"선생님, 그런데 독도가 중간 수역에 포함되어 있으니까 일본이 마음대로 들어올 수 있는 것 아닌가요?"

"맞아요, 독도가 중간 수역 안에 포함되어 있습니다. 일본이 수시로 독도 근해에 들어올 수 있지요. 하지만 독도는 자체적으로 12해리의 영해를 가지고 있어 영해 안으로는 들어올 수 없답니다. 그런데 울릉도와 독도 사이에 대략 380m 정도의 중간 수역이 존재합니다."

"그럼 일본 배가 울릉도와 독도 사이에는 있을 수 있겠네요?"

"이것이 바로 중간 수역 설정으로 인한 문제라고 할 수 있죠. 이와 관련된 이야기를 계속할게요."

잠정 조치 수역(暫定措置水域)은 말 그대로 결정을 다음으로 미룬 잠정적 공동 수역입니다. 2001년 4월 5일 체결된 한중 잠정 조치 수역은 한국과 중국의 공동 어로 행위가 가능한 수역으로 제3국의 어선은 들어올 수 없습니다. 따라서 이 수역에서 발생하는 문제에 대해서는 양국이 자국 어선에 대해서만 단속하고 재판할 수 있습니다. 다행인 점은 한중 어업공동위원회에서 2014년부터 양국 지도선이 공동으로 순시하기로 하면서 잠정 수역에서 이루어지는 불법 조업을 감시하기로 한 것입니다.

우리나라의 서남쪽 끝에 있는 수중 암초인 이어도 또한 잠정 조치 수역에 해당됩니다. 1996년부터 2013년까지 무려 13차례의 한중 어업 협상이 진행되었습니다. 한국은 이어도 주변 해역이 당연히 한국 쪽 배타적 경제 수역에 포함되어야 한다고 주장했지만, 중국의 반대 주장으로 잠정 조치 수역으로 남아 있습니다.

과도 수역은 양국이 공동으로 조업을 하기로 한 수역입니다. 예전에는 중국과의 과도 수역이 존재했으나, 2005년 6월 30일부터는 양국의 배타적 경제 수역으로 편입되었습니다.

일반적으로 대륙붕은 해안에서부터 수심 약 200m 깊이까지의 해저 지형을 말합니다. 대륙붕(大陸棚, continental shelf)이라는 한자를 풀이해 보면 '대륙의 사다리' 또는 '대륙의 선반'으로, 대륙이 연장되어 경사가 완만한 지형이라는 것을 알 수 있습니다. 이러한 대륙붕에서 석유와 천연가스를 비롯하여 황, 칼륨 등의 자원이 매장된 경우가 있어, 자원의 보고로 알려지기도 하였습니다.

UN 해양법 협약상 대륙붕의 범위는 수심 200m까지라는 사전적 의미의 대륙붕보다 훨씬 넓은 범위입니다. 대륙붕이 주목받기 시작한 것은 미국의 트루

배타적 경제 수역과 UN 해양법 협약상 대륙붕.
대륙붕은 해안에서부터 수심 약 200m 깊이의 해저 지형을 말한다.

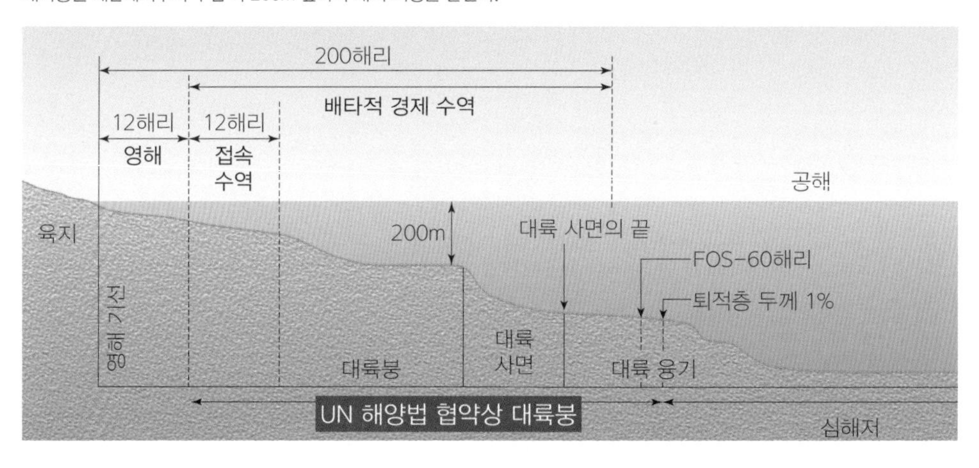

관할 해역 개념

구분	영해	배타적 경제 수역(EZZ)	대륙붕
개념	연안국 주권이 인정되는 영토 및 내수 외측의 해역	자원의 탐사, 개발, 보전, 관리에 대한 연안국의 주권적 권리가 인정되는 해역	전통적 대륙붕 -해안에 연접해 완만한 경사를 이루는 수심 200m 이내 지역 해양법 협약상 대륙붕 -대륙붕 범위를 확대해 200해리까지로 규정
범위	12해리 이내	200해리 이내	최대 350해리
연안국 권리	영토와 같이 모든 권리가 인정됨	탐사, 조사, 자원 개발권과 구조물 설치·사용 및 해양 환경의 보호·보전에 관한 권리 인정	탐사 및 천연자원에 대한 개발권 인정(해저 지각이 육지와 같은 지질인 것을 증명했을 경우)

먼 선언(1954년) 이후 각국이 대륙붕의 영유권을 주장하면서부터입니다. 각국 간 분쟁이 심화되자 1958년 제1차 UN 해양법 회의를 통해 대륙붕의 범위를 국제법상 수심 200m까지로 규정하게 되었습니다. 그러나 1974년 제3차 UN 해양법 회의에서 새롭게 영해선으로부터 200해리(약 370km)의 해저 지역을 대륙붕으로 규정하였습니다. 그리고 1982년 UN 해양법 조약을 통해 대륙붕의 범위를 영해선으로부터 200해리까지로 규정하게 됩니다. 결국, 대륙붕의 범위는 배타적 경제 수역의 범위보다 더 넓은 범위의 규모를 갖게 된 것입니다. 이 대륙붕에는 사전적 의미의 대륙붕뿐만 아니라, 거대한 대륙 사면과 대륙 융기 일부 지역까지 포함합니다.

일본의 끝없는 욕심

배타적 경제 수역이 447만 km²에 달하는 일본은 해양 영토 대국이라고 할 수 있습니다. 일본보다 영토 면적이 25배나 더 큰 중국의 배타적 경제 수역(387만 km²)보다 더 넓고, 우리나라의 배타적 경제 수역과는 비교도 할 수 없을 정도입니다. 일본은 오래전부터 해양 영토를 확보하기 위해 여러 유인도와 무인도의 가치들을 파악하고 19세기 말부터 자국의 영토로 편입시켰습니다. 지금 이들 바다에는 가스 하이드레이트를 비롯하여 희토류, 망간 등이 많이 매장되어 있습니다.

일본의 배타적 경제 수역을 넓혀 준 대표적인 섬들로 미나미토리시마, 오가사와라 제도, 센카쿠 열도, 오키노토리시마 등이 있습니다. 먼저, 최동단에 있는 미나미토리시마는 일본에서 1800km나 떨어진 섬입니다. 메이신 유신 때

산호초로 이루어진 두 개의 암초를
콘크리트로 포장해 섬으로 만든 오키노토리시마

오키노토리시마에 일본의
국토교통성 국토지리원에서 세운 '일본령' 기념비

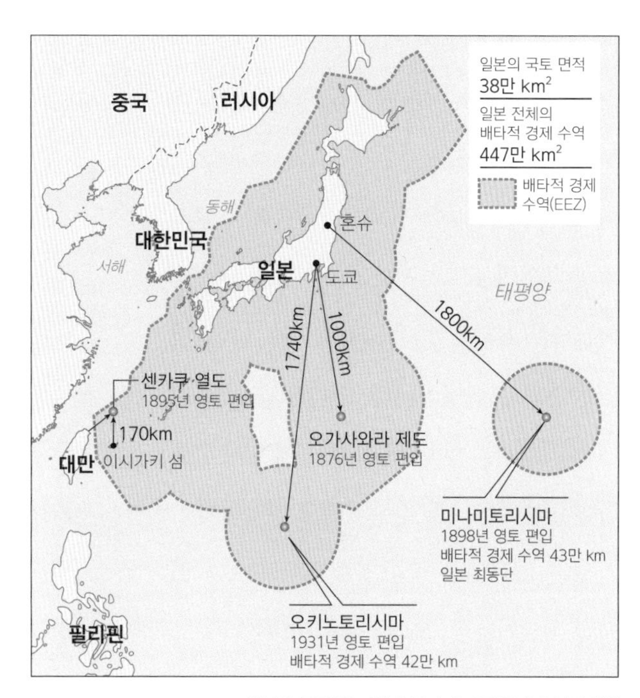

일본이 주장하는 일본 섬과 배타적 경제 수역의 범위

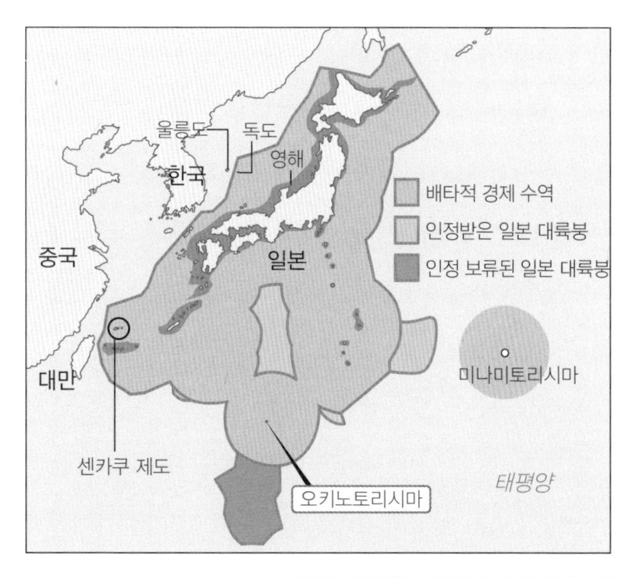

일본이 주장하는 대륙붕과 배타적 경제 수역

개척단을 파견하고, 1898년에 자국 영토로 선언하였습니다. 해발 고도가 9m 남짓하고, 규모가 1.51km²(46만 평)에 불과한 섬이지만, 이로써 얻은 배타적 경제 수역은 우리나라 영토의 두 배 크기인 43만 km²나 되는데, 이것은 일본의 국토 면적인 38만 km²보다 큰 크기입니다. 일본은 실효적 지배를 강화하기 위해 현재 이곳에 활주로를 건설하여 자위대를 주둔시키고 있습니다.

일본이 러시아와 분쟁 중인 쿠릴 열도(북방 영토 4개 섬)

일본 도쿄에서 남쪽으로 1740km나 떨어진 최남단 섬인 오키노토리시마는 1922년 측량선을 보냈으며, 1931년 자국 영토로 편입하였습니다. 하지만 이 곳은 사실 섬이 아닙니다. 높이 70cm, 가로 2m, 세로 5m 규모의 암초입니다. 파도가 높게 일면 암초 전체가 물에 잠겨 보이지 않습니다. 1988년에 이 암초에 600억 엔(약 8400억 원)이라는 엄청난 돈을 들여 방파제를 쌓고 콘크리트로 포장하여 높이 3m, 지름 50m의 인공섬으로 만들었습니다. 세계적인 섬으로 인정받은 것은 아니지만, 일본국토교통성은 스스로 '일본령'이라는 기념비까지 세워 이곳을 일본의 영토라고 주장하고, 주변의 막대한 규모를 배타적 경제 수역으로 선포하였습니다. 암초를 섬으로 만들려는 욕심도 있지만, 섬으로 인정받지 못하더라도 주변 대륙붕을 확대하고자 하는 의도가 깔려 있습니다.

일본 도쿄에서 1000km 떨어진 오가사와라 제도는 1876년 일본의 영토에 편입되어 당시 미국의 포경선을 비롯한 고기잡이배들의 식량 조달 기지 역할을 했던 곳입니다. 그래서 하와이에서 온 이주민도 다수 있지만, 일본은 이곳

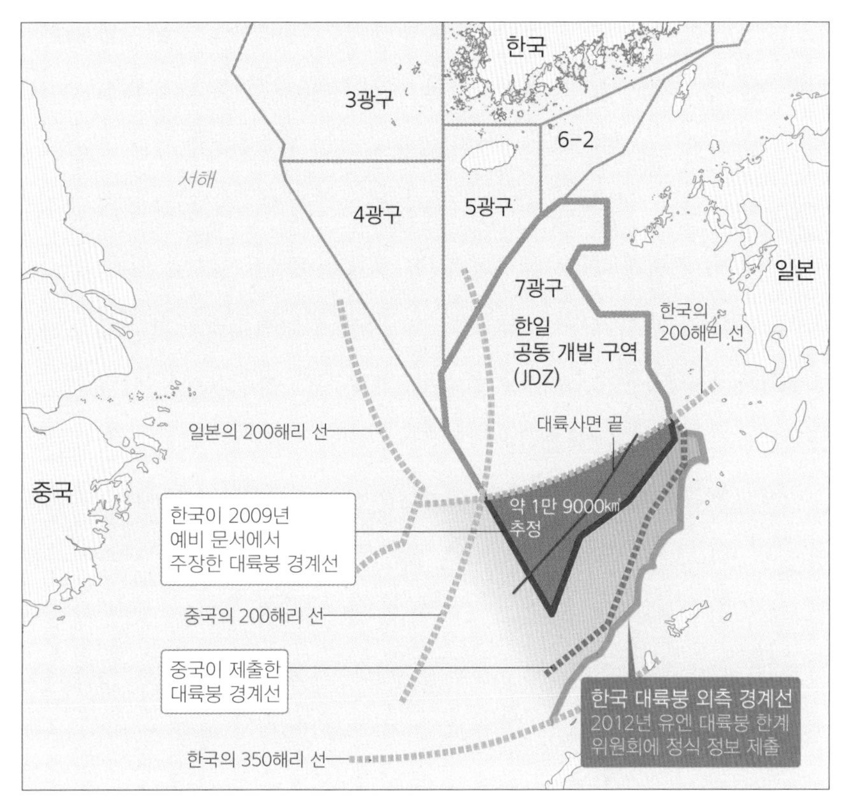

한중 대륙붕 한계 연장선

을 자신의 영토로 편입하여 배타적 경제 수역을 선포하였습니다.

일본 오키나와의 해상 왕국이었던 류큐국(琉球國, 1429~1879년)은 1879년 일본에 강제 병합되었습니다. 이곳은 제2차 세계대전 때 10만 명이 넘는 주민이 희생을 당하였고, 27년간 미국의 통치를 받기도 했습니다.

또 하나의 지역은 최근 동아시아를 뜨겁게 달구는 분쟁 지역입니다. 현재 중국과 영토 분쟁을 벌이고 있는 일본명 센카쿠 열도입니다. 중국에서는 댜오위다오(조어도)라고 부릅니다. 현재 일본이 실효적 지배 중이지만, 사실 알고 보면 청일 전쟁에서 일본이 승리하면서 1895년에 자국 영토로 편입한 것입니다. 이곳은 일본의 오키나와에서 410km 떨어져 있고, 중국에서는 330km 거리에 있는데, 역사·지리적으로 중국의 영토였습니다. 일본의 욕심을 보여 주는 사례는 더 있습니다. 일본의 북쪽 경계인 쿠릴 열도입니다. 러시아와 분쟁 중인 이투루프, 쿠나시르, 시코탄, 하보마이의 4개 섬을 일본의 영토라고 주장하며 북방 영토라고 부르고 있습니다. 현재 러시아가 실효적 지배 중인 지역으로, 일본은 과거 자신의 영토였다고 주장하며 반환을 요구하고 있습니다. 중국과 센카쿠 열도(댜오위다오)를 두고 문제 삼은 것과 모순되는 태도로 이중적인 모습을 엿볼 수 있습니다.

일본의 욕심은 어디까지일까요? 이어도를 암초로 인정하고 영해에 포함하지 않은 우리나라와는 상반된 모습입니다. 2008년 일본은 오키노토리시마 주변 해역 42km²를 비롯하여 남태평양 7개 해역 총 74만 km²를 대륙붕으로 인정해 달라고 UN 대륙붕한계위원회에 신청하였습니다. 이것은 인공섬인 오키노토리시마를 섬으로 인정해 달라는 것입니다. 이 신청이 받아들여지게 된다면 배타적 경제 수역 밖의 지역이라 해도 해저 자원 개발권을 주장할 수 있게 됩니다. 일본의 신청이 유보된 지역도 있지만 받아들여진 지역도 31만 km²나 됩니다.

끝이 없는 일본의 욕심에 우리나라는 2012년 12월 UN 대륙붕한계위원회(CLCS)에 동중국해 대륙붕 확대 신청서를 제출했습니다. 우리나라 대륙붕의 경계선이 오키나와 해구까지 뻗어 있다는 내용의 대륙붕 한계 정식 정보입니다. 한국은 2009년 대륙붕 외측 한계선을 한일 공동 개발 구역(JDZ) 남측 경계선으로 규정했던 것을 변경하여, 최소 38km에서 최대 125km까지 일본 쪽으로 더 들어가 연장되어 있다는 대륙붕 한계 정보를 제출한 것입니다. 하지만 일본은 이 의견을 받아들일 수 없다면서 이의서를 제출하였습니다. 일본은 계속해서 해양과 대륙붕을 넓히고 활용하기 위해 연구를 계속하고 있습니다.

배타적 경제 수역(EEZ)을 재설정하자!

한일 어업 협정은 1965년 6월과 1998년 11월에 한국과 일본 사이에 맺은 두 차례의 어업 협정입니다.

1965년 체결된 한일 어업 협정은 기본 조약으로, 한국과 일본 간의 외교관계를 회복하는 국교 정상화의 일환으로 체결되었습니다. 박정희 정부는 우리가 주장하는 40마일(약 64km) 전관 수역과 일본이 주장하는 12마일(약 19km) 전관 수역 문제를 두고 차관 및 대일 청구권 문제와 부딪혀 일본이 주장하는 12마일의 전관 수역을 수용하게 됩니다. 당시 동해는 지금의 중간 수역 지위에 해당하는 공동 규제 수역으로 설정하게 됩니다. 그 내용을 보면 다음과 같습니다.

1. 배타적 관할권을 행사하는 어업에 관한 수역(전관 수역)의 설치 및 인정
2. 잠정적 규제 조치 적용 수역(공동 규제 수역)
3. 공동 규제 수역 내에서의 위반 어선 단속 및 재판권에 대해 기국주의(基國主義) 채택
4. 자원 조사 수역의 설정
5. 협정의 원활한 수행을 위한 어업 공동 위원회 설치
6. 안전 조업과 해상 질서의 유지를 위한 민간 어업 협정의 체결

1994년 11월 배타적 경제 수역(EEZ)을 정한 UN 해양법 협약이 발효되면서 범위가 200해리까지 확대되었습니다. 이에 김영삼 정부는 1997년 7월 우리나

라 배타적 경제 수역의 기점을 울릉도로 한다는 공식 선언을 하고, 10월에는 잠정 공동 수역안을 공식적으로 받아들여 독도를 중간 수역에 넣기로 합의하게 됩니다. 이 가운데 구 한일 어업 협정은 1998년 1월 일본이 일방적으로 파기를 선언하면서 무효화되었습니다. 이후, 김대중 정부는 협정 내용을 보완·수정하여 1998년 11월 협정을 체결한 후 1999년 1월 22일 발효되었습니다. 협정의 주요 내용은 전문 17조와 부속 문서로 이루어져 있는데, 배타적 경제 수역 설정, 제주도에서의 남부 수역 설정, 동해에서의 중간 수역 설정, 어업 실적 보장 및 불법 조업에 대한 단속 등이 주요 내용으로 포함되어 있습니다.

협정의 장점은 우리나라의 경우 자원과 어족이 풍부한 것으로 알려진 대화퇴 어장의 50% 정도가 포함되었다는 것입니다. 단점은 독도가 한일 중간 수역 안에 포함되어 있다는 것입니다. 하지만 양국 간의 어업 협정은 어업에 관한 협정이기 때문에 영토와는 아무런 관련이 없다는 국제법의 판례가 있습니다.

노무현 정부에 들어와서는 2005년 일본이 '다케시마의 날'을 제정하는 등 독도 문제를 노골적으로 분쟁화하면서 대통령이 직접 2005년 3월과 2006년 4월 각각 담화문을 발표하였습니다. "지금 일본이 독도에 대한 권리를 주장하는 것은 제국주의 침략 전쟁에 의한 점령지의 권리, 나아가서는 과거 식민지 영토권을 주장하는 것입니다. 이것은 한국의 완전한 해방과 독립을 부정하는 행위입니다. 또한 과거 일본이 저지른 침략 전쟁과 학살, 40년간에 걸친 수탈과 고문, 투옥, 강제 징용, 심지어 위안부까지 동원했던 그 범죄의 역사에 대한 정당성을 주장하는 행위입니다. 우리는 결코 이것을 용납할 수가 없습니다. 우리 국민에게 독도는 완전한 주권 회복의 상징입니다."라는 담화문을 통해 독도가 우리 영토임을 명백히 하였습니다.

이명박 정부에서는 역사상 처음으로 대통령이 독도를 방문한 선례를 남겼습니다. 2008년 8월 독도를 전격 방문하여 영유권 수호에 대한 의지를 천명하였습니다.

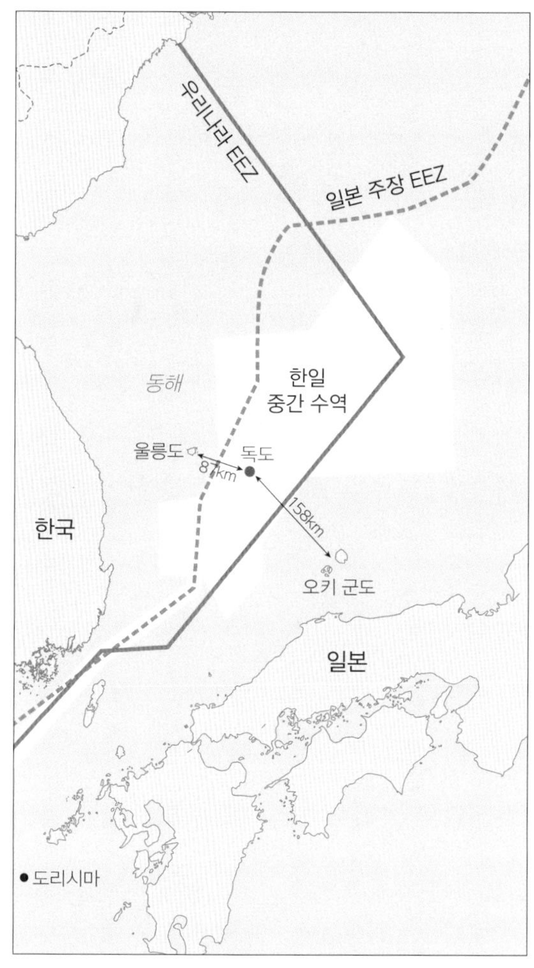

우리나라와 일본이 각각 주장하는 EEZ

한국과 일본 정부는 1996년부터 배타적 경제 수역의 경계에 대한 회담을 진행하였습니다. 그리고 2010년까지 11차례에 걸쳐 회담을 진행하였지만, 배타적 경제 수역에 대한 양국의 차이는 극명했습니다. 역시나 이를 재설정하는 데 가장 큰 문제는 바로 '독도'였습니다.

노무현 정부는 2006년 6월 한국과 일본의 배타적 경제 수역의 기점을 울릉도가 아닌 독도라고 주장하면서 독도를 암초가 아니라 사람이 사는 섬으로 분류한 것입니다. UN 해양법 협약을 적극적으로 해석하여 독도를 섬으로 인정할 만한 근거를 마련하였습니다. 내용을 살펴보면 다음과 같습니다.

첫째, 독도는 단순한 암초, 즉 돌섬이 아닌 면적이 187,453m²에 달하는 섬이다.

둘째, 서도에서 식수로 사용할 수 있는 물이 나오기 때문에 사람이 거주할 수 있다.

셋째, 경찰 외에 민간인 거주자가 있다.

이러한 우리의 주장에 대해 일본은 반기를 들며, 독도를 포함하는 배타적 경제 수역을 설정할 경우 제주도 남동부와 일본 남서부에 위치한 도리시마를 일본의 배타적 경제 수역으로 삼아 남해를 다시 나누겠다고 하였습니다.

독도를 기점으로 우리나라 동해의 배타적 경제 수역이 정해지면 범위가 약 2만 km^2가 늘어나는 반면, 도리시마를 기점으로 일본의 배타적 경제 수역이 정해지면 우리나라 남해의 배타적 경제 수역 3만 6000km^2를 잃게 됩니다. 일본의 말도 안 되는 주장으로 인해 독도는 아직까지도 우리나라의 배타적 경제 수역 안으로 들어오지 못하고 있습니다.

한국 방공 식별 구역(KADIZ)에는 독도가 포함되어 있다

방공 식별 구역(Air Defense Identification Zone: ADIZ)은 영공의 방위를 위해 영공 외곽의 배타적 경제 수역이나 공해상의 상공에 설정된 공중 구역입니다. 영공이 아니기 때문에 주권적 권리는 없지만, '방공 식별'이라는 말처럼 자국의 영유권 안보를 위해 영공에 들어오기 전에 설정한 구역입니다. 법적 근거가 약한 편이고 자국의 임의대로 설정할 수 있지만, 설정할 때에 이해 당사국들 간 협의를 하는 경우가 많습니다. 협의가 되지 않고 일방적으로 설정할 경우에는 이해 당사국들 간에 논쟁이 일어날 수 있습니다. 모든 항공기는 방공 식별 구역으로 지정된 상공에 진입할 때 해당 국가에 사전 통보를 해야 합니다. 물론 영공이 아니기 때문에 여객기뿐만 아니라 군용기도 비행할 수 있습니다. 하지만 자국의 안보에 위협이 되면 즉각 퇴각 요청을 할 수 있을 뿐만 아니라 격추를 할 수도 있습니다. 2013년을 기준으로 전 세계 20여 개국 정도가 이 구역을 설정하고 있습니다. 우리나라를 비롯하여 중국, 일본은 모두 이 구역을 설정하고 있습니다(현재 북한은 방공 식별 구역을 인정하지 않고 있음).

우리나라 남해상의 이어도는 방공 식별 구역에 제외되어 있는데, 그 이유는 무엇이고, 언제부터 제외되었을까요? 우리나라는 1951년 미국 태평양 공군사령부가 이어도를 뺀 한국 방공 식별 구역(KADIZ)을 설정한 이후부터 그대로 사용해 왔습니다. 한국 정부가 관할권을 가진 이어도가 60년이 넘는 기간 동안 이 구역에서 제외되어 있었던 것입니다. 반면, 일본은 1969년부터 일본 방공 식별 구역(JADIZ)에 이어도를 포함시켰고, 우리나라는 1979년과 1983년, 1990년대와 2008년 네 번에 걸쳐 이어도를 포함시켰습니다. 이어도를 포함한 방공 식별 구역 조정을 놓고 일본과 여러 차례 협의했지만 아무런 성과가 없었습니다.

"선생님, 이 구역은 자국의 임의로 설정할 수 있다고 하셨잖아요. 그럼 설정하면 되는 거 아닌가요?"

"맞아요, 그런데 일본에 요청해야만 하는 이유가 있었어요."

"무슨 이유죠?"

"바로 독도 때문인데요, 왜 그랬는지 알아보도록 할까요?"

이전에 진행된 일본과의 협의에서 성과가 없었던 이유는, 우리나라가 이어도를 한국 방공 식별 구역에 포함시킬 경우 독도를 일본 방공 식별 구역에 포함시키겠다고 주장했기 때문입니다. 일본의 경우, 1969년 9월 방공 식별권 비행요령에 관한 훈령(방위청 훈령 제36호)에 의해 설정한 일본 방공 식별 구역에 독도를 포함시키지 않았습니다. 1972년 5월 오키나와 반환에 따라서 새롭게 일본 방공 식별 구역의 범위를 확장할 때에도 독도를 포함시키지 않았습니다. 우리나라가 이어도를 여러 차례 포함시키려 하자, 일본이 계속해서 독도를 포함하겠다고 주장하는 바람에 매번 이어도를 포함하는 문제를 해결하지 못하게 됩니다. 결국 이 문제의 원인은 독도였던 것입니다.

일본 방공 식별 구역에는 이미 이어도가 포함되어 있었는데, 2013년 중국이 새로운 중국 방공 식별 구역(CADIZ)을 설정하면서 이어도를 포함시켜 문제는 더 복잡하게 됩니다. 우리나라와 중국 사이에 이어도 문제가 있지만, 그 이

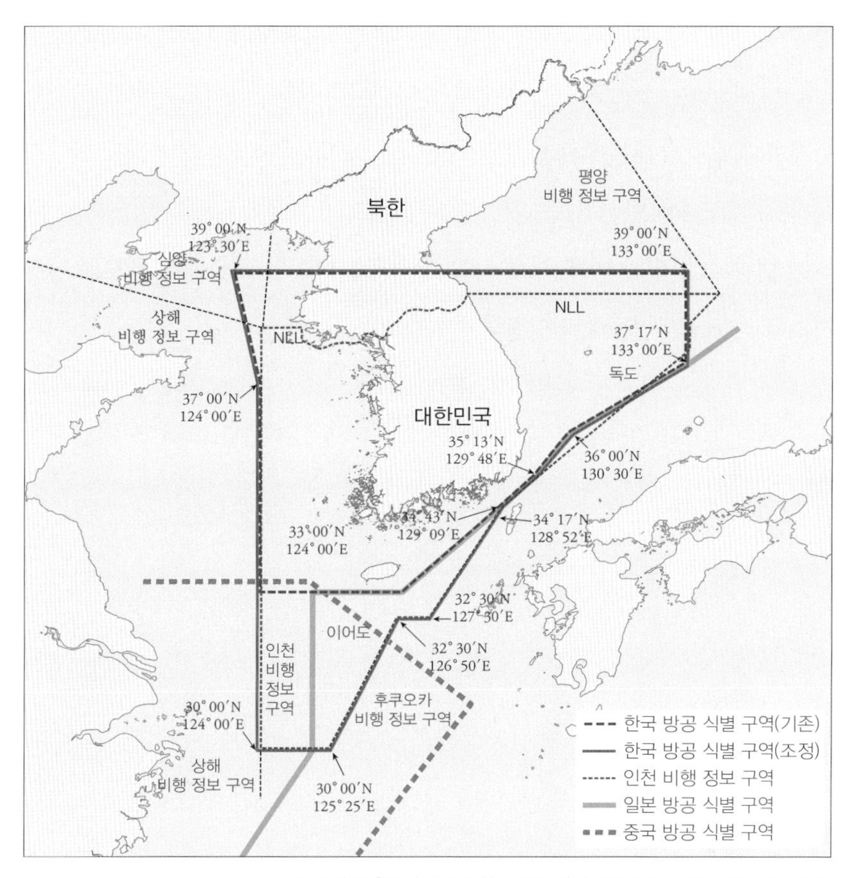

2013년 12월 8일 개정된 한국 방공 식별 구역과 중국·일본 방공 식별 구역

전에 중국은 일본과 센카쿠 열도(중국명 댜오위다오)를 둘러싼 분쟁이 지속되고 있습니다. 따라서 이런 설정은 중국과 일본의 영토 갈등 또한 원인으로 작용한 것입니다.

우리나라는 중국과 일본의 이어도를 포함한 방공 식별 구역 설정에 대해 심각성을 깨닫게 되었습니다. 그래서 2013년 12월 8일 한국 방공 식별 구역에 이어도를 포함하게 됩니다.

국제민간항공기구(ICAO)에서는 항공기가 안전하게 운항할 수 있도록 항공 정보를 제공하고 교통관제를 진행하기 위해 비행 정보 구역(Flight Information Region: FIR)을 설정하고 있습니다. 이 구역에서는 해당 국가가 안전을 책임지기 때문에 조난 항공기에 대한 탐색 및 구조 지원까지도 담당합니다. 우리나라는 인천 비행 정보 구역이 있고, 일본은 후쿠오카 비행 정보 구역이 있습니다. 인천 비행 정보 구역에는 독도 상공이 포함되어 독도의 상공까지 우리나라의 영공으로 인정하고 있습니다.

제9장

국제사법재판소에서 다룬 영유권 분쟁 판결 결과

그들은 무엇을 원하는가?

2013년 12월 겨울, 일본 외무성이 독도가 일본 고유의 영토라는 내용을 담은 동영상을 만들어 동영상 공유 사이트에 공개하였습니다. 이 동영상은 일본어와 영어를 비롯하여 9개 언어로 제작되었는데, 심지어 한국어로 된 것까지 있습니다.

1분 27초 분량의 동영상은 그들의 주장을 명확히 담고 있습니다. 그 내용은 옛 지도나 문헌을 보면 17세기 초엽 일본의 도쿠가와 막부가 독도에 대한 영유권을 확보하였고, 1905년 내각의 결정에 의해 독도를 일본 영토에 편입시켰다는 것입니다. 1951년 9월 샌프란시스코 평화 조약을 체결할 때, 미국이 한국의 독도 편입을 거부했다는 내용을 기록하고 있습니다. 마지막 부분에서는 '법과 대화를 통한 해결을 지향하며'라는 문구를 통해 한국 정부는 독도 문제를 국제사법재판소(ICJ)에서 해결하자는 일본의 주장을 세 번이나 거부했다는 설명을 덧붙이고 있습니다.

"선생님, 이 동영상을 보니 헷갈려요!"

"어떤 점이 헷갈리나요?"

"일본이 나빠 보이지 않는데요. 일본도 힘이 센데, 힘으로 하지 않고 평화적으로 해결하자는 거 아닌가요? 그냥 들어주면 되는 거 아니에요?"

"아, 그렇군요. 왠지 평화주의자들의 행동처럼 보이죠?"

"네, 그리고 둘이 싸울 때 타협이 안 되면 가장 좋은 방법이 국제사법재판소

같은 법원에 가서 해결하는 게 맞는 거 아닌가요?"

"일본이 원하는 것이 바로 그것이랍니다. 독도 문제를 국제 분쟁 지역으로 부각시켜 국제사법재판소까지 끌고 가려는 것이지요!"

"그게 나쁜 건가요?"

"여러분 잘 생각해 보세요. 우리가 독도라는 이름의 강아지 한 마리를 키운다고 가정해 봅시다. 그런데 어느 날 옆집에 사는 친구가 와서는 갑자기 '이 강아지는 내 거니까 내놔.'라고 한다면 어떨 것 같나요?"

"그야 당연히 말도 안 되는 일이죠! 그냥 안 줄 건데요."

"그런데도 그 친구가 계속 우기면서 '경찰서 가서 해결하자!'라고 한다면 어떻게 하겠어요?"

"그야 당연히 안 가죠. 원래 제 강아지인데요."

"그렇죠? 가고 싶지 않겠죠? 어쩔 수 없이 경찰서에 가게 되었다고 해 볼게요. 그런데 경찰관이 친구의 말을 들어 보더니, 친구의 강아지가 맞는 것 같으니 돌려주라고 하면 어떨 것 같나요?"

"그럴 일은 없겠지만, 경찰서에 갈 이유는 없네요."

2013년 12월에 일본에서 만든 한국어로 된 독도 동영상의 한 장면

독도에 대한 일본의 속셈은 무엇일까요? 가장 먼저 독도를 분쟁 지역으로 만드는 것입니다. 우리는 인정할 수 없는 사실임에도 불구하고, 이미 독도를 분쟁 지역에 포함하여 그린 지도가 많이 있습니다. 신문이나 텔레비전의 뉴스에서

도 동아시아의 분쟁을 다룰 때 독도의 이야기를 하기도 합니다. 앞의 강아지를 예로 들어서 설명한 것을 떠올리며 독도를 분쟁 지역으로 보는 것이 맞는 것인지, 아니면 틀린 것인지 생각해 보는 시간을 갖는 것은 어떨까요?

국제사법재판소는 무얼 하나요?

"일본은 계속 독도 문제를 국제사법재판소에 가서 해결하자고 합니다. 왜 그럴까요?"

"혹시 일본이 국제사법재판소에서 같은 일로 이긴 적이 있는 거 아닌가요?"

"그런 것은 아닙니다. 재판관 중 한 사람이 일본인이기는 하지만 15개국, 15명 중의 구성원일 뿐입니다. 일본의 태도를 다르게 볼 수밖에 없는 것은, 센카

네덜란드 헤이그에 있는 국제사법재판소

쿠 열도 문제에 대해서는 중국과의 대립에도 불구하고 국제사법재판소에 가려고 하지 않는다는 것입니다."

"어, 이상하네요. 우리나라와는 그렇게 가고 싶어 하면서 왜 가지 않는 거죠?"

"그게 다 일본의 속셈 때문입니다. 조금이라도 이득이 생길 것 같은 일에는 평화주의자인 척하고, 조금이라도 불리한 일에는 약한 척하죠."

"선생님, 그럼 일본이 계속 말하는 국제사법재판소는 어떤 기구인가요?"

"그럼 국제사법재판소에 대해 알아볼까요?"

국제사법재판소(International Court of Justice: ICJ)는 국가 간에 발생하는 분쟁을 법적으로 해결하는 국제 연합(UN) 산하의 사법 기관입니다. 제2차 세계대전 이후인 1946년에 전 세계에서 발생하는 국제 분쟁을 해결하기 위해 만들어진 기관이라고 할 수 있습니다. 재판소는 네덜란드의 헤이그에 있으며, 이곳 외에 다른 곳에서도 개정할 수 있습니다. 국가 간의 분쟁을 다루는 일을 하기 때문에 국가 차원에서 제소할 수 있습니다. 재판관은 총 15명이고, 이 중 한 명이 재판소장을 맡게 되며, 9년 임기제로 연임할 수 있습니다. 무엇보다 재판관들은 모두 국적이 달라야만 합니다. 재판소의 공용어는 프랑스어와 영어 두 가지이며, 국제법에 따라 재판하고, 국제협약, 국제관례, 법의 일반 원칙, 판례와 학설만을 적용하여 재판합니다. 당 재판관의 입장이 1:1인 가부 동수가 되면 재판소장이 결정 투표권을 가지게 됩니다. 2012년까지 일본인 재판관이 재판소장이었기 때문에 독도 문제를 일본의 요구에 따라 국제사법재판소로 갔다면 뜻하지 않은 일도 벌어질 수 있었습니다. 심지어 이곳에서는 상고도 할 수 없기 때문에 신중하게 생각해야 할 문제입니다.

국제사법재판소에 제소하는 것은 우리나라와 일본이 특정 조약을 맺지 않은 이상은 강제적 관할권이 없기 때문에 한쪽에서 청구하면 재판이 이루어지는 것은 아니니 걱정할 필요는 없습니다. 일본이 독도 문제를 국제사법재판소에 제소한다고 해도 우리나라가 응하지 않으면 재판할 수 없습니다. 그래서 일본이 계속해서 우리에게 재판에 응해 달라고 요구하는 것입니다.

재판을 하게 되면 그 판결은 법적 구속력을 가지게 됩니다. 이를 이행하지 않을 경우에는 UN 산하 안전보장이사회에서 일정한 조치를 취하게 됩니다. 당사국들이 합의하는 경우에는 '형평과 선(ex aequo et bono: 추상적으로 정해진 법의 규정을 일률적으로 적용하면 구체적으로 타당하지 않은 경우가 생기기 때문에 그것을 수정하는 원리)'에 따라서 사건을 해결할 수 있습니다.

1945년 이후 국제사법재판소가 다룬 영토 분쟁에 관한 판결은 태국과 캄보디아 사이에 벌어진 프레아 비헤아르 사원 사건(1962년), 말레이시아와 인도네시아의 시파단섬 사건(2002년), 말레이시아와 싱가포르의 페드라브랑카섬 사건(2008년) 등이 있습니다.

프레아 비헤아르 사원

프레아 비헤아르 사원의 위치

2008년 유네스코 세계 문화유산으로 등록된 프레아 비헤아르(Preah Vihear) 사원은 캄보디아 북쪽 프레아 비헤아르와 태국 동쪽 시사케트 사이의 국경에 위치하고 있습니다. 힌두교의 세 주신 가운데 하나인 시바(Shiva) 신을 숭배하는 사원으로, 해발 고도 525m의 당그레크산에 9세기부터 건축되기 시작하여 11세기에 완성된 크메르 제국의 건축물입니다.

갈등의 시작은 1904년으로 거슬러 올라갑니다. 당시 태국은 영국과 프랑스 사이의 완충 지대로서 오랜 기간 동안 독립국이었고, 캄보디아는 프랑스의 식민 지배를 받고 있는 상태였습니다. 프랑스는 당그레크 산 정산을 기준으로 두 나라를 나누어 북쪽은 태국의 영토로, 남쪽은 캄보디아의 영토로 국경을 확정한 것입니다. 그런데 프랑스에서 지도를 제작할 당시, 착오로 산의 북쪽에 있는 사원을 남쪽에 있는 것으로 표기하고 맙니다. 태국은 1934년 이 사실을 알면서도 문제를 제기하지 않다가, 1949년이 되어서야 사원의 소유권을 주장하며 캄보디아를 몰아냅니다. 태국의 실효적 지배를 인정할 수 없었던 캄보디아는 1959년 이 사건을 국제사법재판소에 제소합니다.

"과연 재판소는 누구의 손을 들어 줬을까요?"

"태국의 손을 들어 줬을 것 같아요."

"왜 그렇게 생각하죠?"

"태국이 실효적 지배를 하고 있었으니까요. 우리나라가 독도를 실효적 지배하고 있는 것처럼요."

"아, 그럴 수 있겠군요. 혹시 다른 생각을 하는 사람은 없나요?"

"선생님, 저는 캄보디아 것이라 생각합니다."

"왜 그렇게 생각하죠?"

"캄보디아 것인지 알면서도 빼앗아 실효적 지배를 하는 거잖아요. 우리나라는 독도를 강제로 빼앗은 게 아니죠."

"그 말도 일리가 있네요! 그럼 어떤 판결을 내렸는지 알아볼까요?"

1962년 6월 15일, 50년 이상 진행되어 온 프레아 비헤아르 사원의 분쟁에 대해 국제사법재판소는 드디어 프레아 비헤아르 사원의 영유권이 캄보디아에 있다는 판결을 내립니다. 판결의 기준은, 태국이 지도의 오류를 확인하였음에도 오랜 시간 동안 문제를 제기하지 않은 점과 이 땅의 소유권이 캄보디아를 지배한 프랑스에게 있음을 인정한 점입니다.

그러나 판결 이후에도, 사원이 절벽에 위치해 있고 태국을 거치지 않고서는 접근하기 어려운 데다 내전과 국내 정세 혼란 등으로 인해 캄보디아가 제대로 지배하지 못하는 상황이었습니다.

이후에 캄보디아는 그 주변을 포함하는 4.6km²가 자국령이라고 주장한 데 비하여, 태국은 사원 주변 지역 0.35km²만이 캄보디아의 영토라고 주장하면서 크고 작은 분쟁과 갈등이 발생하게 됩니다. 결국 2013년 11월 국제사법재판소는 "사원과 주변 땅에 대한 주권이 캄보디아에 있다."라며, "이 지역에 있는 태국 군경은 전원 철수해야 한다."라고 판결하여 1962년 국제사법재판소 판결을 재확인하였습니다.

거북이 알이 영유권을 결정한 시파단섬

동남아시아에 있는 말레이시아는 남중국해로 나뉜 말레이반도 지역과 보르네오섬 지역으로 구성된 국가로, 인도네시아와 국경을 맞대고 있습니다.

인도네시아는 자그마치 17,000여 개에 달하는 섬으로 이루어진 '섬의 나라'입니다. 동쪽 끝 두 나라 바다 한가운데 시파단(Sipadan)섬이 자리 잡고 있습니다. 다이빙과 산호로 알려져 세계적으로 유명한 관광지인 이 섬을 두고 두 나라에 영유권 분쟁이 발생하였습니다. 국제사법재판소에서는 어느 나라의 손을 들어 주었을까요? 국제사법재판소의 결정에 도움을 준 것은 바로 '거북이'였습니다.

말레이시아와 인도네시아의 위치.
말레이시아와 인도네시아의 영유권 분쟁이었던 시파단섬은 거북이 명소이다.

"거북이가 어떻게 영토를 결정하게 된 건가요?"

"시파단섬의 거북이와 말레이시아의 거북이가 같은 종이었나요?"

"아니에요, 그런게 아니었어요."

"그럼 거북이가 헤엄쳐서 말레이시아로 간 건가요?"

"그것도 아니에요…. 거북이 알과 관련이 있어요."

"그럼 거북이의 알을 조사해서 시파단섬으로 갔나요?"

"아주 그럴듯한 생각이에요. 어떻게 된 일인지 알아보도록 하죠."

시파단섬은 다이빙과 산호뿐만 아니라 거북이가 유명합니다. 거북이 자체로도 관광 자원으로서 가치가 있기도 하지만, 거북이의 알을 채취하여 수익을 올리는 사람들이 많았어요. 이에 말레이시아 정부는 섬에서 거북이가 멸종되지 않도록 하기 위해서 1917년 '거북이 보존 법령'을 만들었습니다. 거북이 보전 법령을 통해 거북이의 생존과 직결된 거북이 알 채취를 규제하였죠. 그리고 이 법안을 지키지 않는 사람들에게는 벌금을 부과했습니다. 국제사법재판소는 수익을 올리는 경제 활동보다 거북이를 보호하여 자연를 지키려는 말레이시아의 노력을 인정한 것입니다. 결국 2002년에 내려진 판결에 따라, 거북이 알을 채취한 인도네시아는 거북이 알을 소중히 보호한 말레이시아에게 영유권을 넘겨주게 됩니다.

두 나라의 영토 문제가 해결됐으니 이제 아무런 문제가 없을까요? 바다에서 벌어진 영토 문제는 또 다른 문제를 야기하고 있습니다. 바로 영해와 배타적 경제 수역을 새롭게 설정해야 하는 문제입니다. 특히, 이 지역에서 석유와 가스가 매장되어 있는 것이 확인되면서 영해선 설정으로 인한 갈등이 또다시 발생하게 된 것입니다.

실효적 지배의 근거가 영유권이 되다

영국과 프랑스 사이 도버 해협에 멩키에 에크레오(Minquiers and Ecrehos) 섬이 있습니다. 영국 섬이지만 거리는 프랑스에 더 가깝습니다.

1954년 국제사법재판소는 멩키에와 에크레오 섬의 영유권을 결정할 때 저지 섬에 주목했습니다. 단순히 저지 섬의 지정학적 위치 때문이 아니라, 저지 섬에 멩키에와 에크레오 주민들의 부동산 거래와 재판 기록이 남아 있었기 때문입니다. 기록은 섬의 주인을 알고 있었고, 영국의 실효적 지배를 인정한 것입니다. 남아 있던 기록에는 어떤 내용이 담겨 있었을까요? 첫 번째는 에크레

멩키에 에크레오의 위치

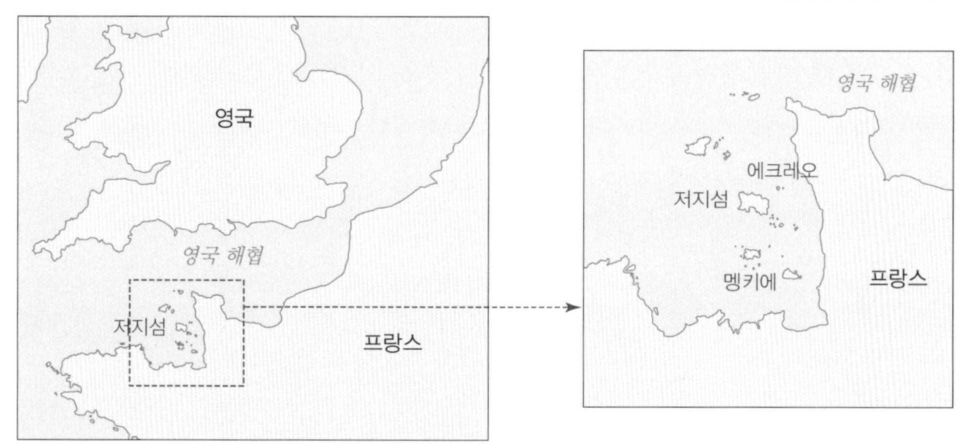

오 어부가 저지에 선박을 등록했다는 증거입니다. 두 번째는 저지 경찰이 에크레오에서 범죄자들을 체포하여 저지 왕립재판소로 넘겨 재판한 기록입니다. 세 번째는 저지 세관이 에크레오에 세관을 세워서 관리했다는 점입니다. 네 번째는 영국이 발급한 국고 지급 명령서에 에크레오를 명기하였다는 점입니다.

여기서 독도를 현재 실효적 지배 하고 있는 우리나라의 경우를 연결시켜 생각할 수 있습니다. 하지만 그 이전에 무엇을 실효적 지배의 근거로 인정했는지 다시 살펴봐야 합니다. 저지 지방 정부는 에크레오 주민들에게 지방세를 받기 위해 어업 등록증을 발급하였습니다. 어업 등록증은 일본이 1905년에 독도를 시마네현에 편입한 이후 강치잡이 어민들에게도 발급한 사실이 있습니다. 강치잡이 어민들에게 발급한 등록증은 강점에 의한 불리한 근거가 될 수 있습니다.

이곳을 이야기할 때 공동 수역 또한 빼놓을 수 없습니다. 우리나라도 한일 중간 수역이 있는 것처럼 영국과 프랑스 간에도 1839년에 어업 협정이 있었습니다. 국제사법재판소에서는 영국과 프랑스 간의 공동 어로 수역을 설정한 것이 수역 내에 있는 두 섬의 영유권에 영향을 미치지 않는다고 판시하였습니다. 이로 볼 때, 한일 중간 수역의 설정이 독도의 영유권 문제와는 무관하다는 점을 알 수 있습니다.

거리가 먼 나의 영토 페드라브랑카섬

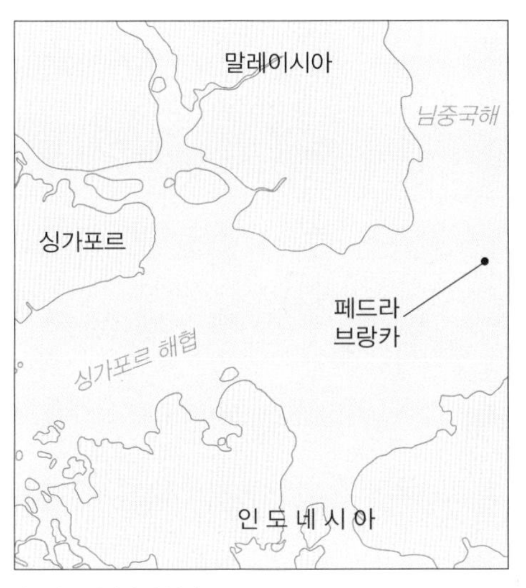

페드라브랑카섬의 위치

싱가포르 해협 입구에 자리 잡은 페드라브랑카섬은 싱가포르에서 동쪽으로 24해리, 말레이시아 조호르주 남쪽에서 7.7해리 떨어져 있는 섬으로, 말레이시아에 더 가까이 위치하고 있습니다. 길이 137m, 폭 68m로, 크기가 독도의 20분의 1 정도밖에 되지 않는 무인도입니다.

이 섬은 오래전부터 말레이시아의 조호르 술탄 왕국의 영향권 안에 있었는데, 영국과 네덜란드가 이 지역을 분할 통치하는 과정에서 영국의 식민지가 됩니다. 분쟁의 불씨가 된 것은 말레이시아가 1979년 이 섬의 영유권을 주장하며 지도를 발간하면서 이 섬을 자국의 영토로 표시한 것이 국제 분쟁 문제로 확대된 것입니다. 특히 이 섬은 싱가포르 해협의 선박 통항로에 자리 잡고 있어서 재판 결과를 둘러싸고 관심을 받은 지역입니다.

싱가포르와 말레이시아 사이의 도서 영유권 분쟁 사건에서 국제사법재판소는 페드라브랑카섬의 영유권이 싱가포르에 있다는 판결을 내렸습니다. 2008

년 5월 싱가포르의 영토가 된 페드라브랑카섬은 1844년까지 말레이시아의 영토였습니다. 국제사법재판소 또한 이 점은 인정하였습니다. 그런데도 싱가포르의 실효적 지배를 우선시하여 판결을 내렸습니다. 1850년 영국과 싱가포르가 이 섬에 등대를 세우고, 이 지역의 해난 사고 조사, 방문 규제, 해군 통신 장비 설치 등의 주권 행사를 오랫동안 해 왔다는 점입니다. 반면에, 100년이 넘는 기간 동안 말레이시아 쪽에서 아무런 문제를 제기하지 않았다는 점과 1953년 조호르 당국이 이 섬의 영유권을 부인한 점 등을 들어 싱가포르의 영토임을 인정하였습니다. 이 사건은 싱가포르의 실효적 지배를 우선적으로 인정하면서도 식민지 지배 당시의 법적·행정적 조치를 증거로 인정했다는 점에서 독도 문제를 함께 생각해 볼 수 있습니다.

특히 오랜 역사를 가지고 있다는 것이 영유권의 근거가 될 수 없다는 점입니다. 페드라브랑카섬의 판결에서 시사하는 점은 평화적인 주권을 행사해 온 사실이 더 중요한 판단의 기준이 되었다는 것입니다. 우리가 독도를 실효적 지배를 하고 있고 오랜 역사적 자료를 가지고 있지만, 어떠한 변수가 발생할지 알 수 없습니다.

그 지역에 대해 상대국이 별다른 문제를 제기하지 않는 가운데 계속적이고 평화적인 주권 행사를 해 온 사실을 영유권 분쟁의 중요 판단 기준으로 삼았다는 것을 유념해야 할 필요가 있습니다. 이는 국내 언론들이 독도가 우리나라 땅임을 보여 주는 결정적인 증거로 제시하는 고지도가 독도 문제의 중요한 근거가 아닐 수도 있기 때문입니다.

우리 정부가 반세기 넘게 독도를 실효적으로 지배해 온 것은 사실입니다. 그러나 일본의 꾸준한 항의가 한 나라의 실효적 지배를 부정할 효력을 만들 수도 있기 때문에 무시하고 넘어갈 수 없는 것입니다.

미리 가 보는 국제사법재판소

일본과 우리나라가 독도 문제를 가지고 국제사법재판소에서 만나게 된다면 어떤 결과가 나올까요? 우리가 펼 수 있는 주장 중 몇 가지를 뽑아 본다면 다음과 같이 정리할 수 있습니다.

첫 번째, 역사·지리적 측면에서 고려 시대의 『삼국사기』부터 조선 시대의 『세종실록』「지리지」, 「팔도총도」 등의 역사서와 지리지에 우리 영토로 기록되어 있다는 점입니다.

두 번째, 지정학적 측면에서 독도는 일본보다 우리나라에 더 가까이 위치하고 있다는 점을 들 수 있습니다. 우리 영토인 울릉도에서 독도까지의 거리가 87.5km인 데 비해 일본의 오키섬에서는 157.5km로, 독도는 거리상 우리와 훨씬 가까운 곳에 위치하고 있습니다. 맑은 날에는 울릉도에서 독도가 보일 정도이며, 오래전부터 독도는 울릉도의 생활권에 포함되어 있었다는 점을 강조할 수 있습니다.

국제사법재판소의 심리를 진행하는 15명의 재판관

세 번째, 국제 협약의 측면에서

제2차 세계대전 이후 일본의 처리 문제를 두고 포츠담 선언(1945년) 제8항을 통해 "카이로 선언의 모든 조항은 이행되어야 하며, 일본의 주권은 혼슈·홋카이도·규슈·시코쿠와 연합국이 결정하는 작은 섬들에 국한될 것이다."라고 선언하였습니다. 카이로 선언(1943년)의 주요 내용 중 "제1차 세계대전 후 일본이 탈취한 태평양 제도를 박탈하고, 만주, 대만, 펑후 제도 등을 중화민국에 반환하며, 일본이 약취한 모든 지역에서 일본 세력을 축출한다."라는 부분은 일본이 1905년에 강제로 맺은 을사조약 이후 독도를 일본의 영토라고 주장한 이상 마땅히 돌려주어야 할 우리의 영토임이 분명한 것입니다. 이 세 가지는 우리나라가 독도의 영유권을 가지고 있다는 중요한 근거가 됩니다. 그동안 국제사법재판소에서 다루어진 국제 분쟁들을 살펴보면 가장 중요한 판결 기준은 '실효적 지배'입니다. 현재 우리나라가 독도를 실효적으로 지배하고 있기 때문에 우리의 손을 들어 줄 것 같지만 영유권 재판은 그렇게 쉽게 해결되는 것이 아닙니다. 왜냐하면, 실효적 지배를 판단할 수 있는 여러 가지 쟁점이 있기 때문입니다.

첫 번째, 1905년 1월 28일 내각의 결정으로 일본은 독도를 일본 영토로 편입하게 됩니다. 문제가 되는 사항은 일본이 독도를 무주지라고 명시했다는 점과 독도를 편입한 사실이 일본 정부의 제국주의적 영토 확장에 해당하는지 여부입니다. 이들은 독도가 주인이 없었다는 무주지였다는 점을 들어 무주지 선점론을 주장하고 있지만, 한편으로는 일본의 고유 영토론을 주장하고 있는 이중적 자세로 자기모순에 빠져 있습니다. 하지만 국제사법재판소는 어떤 결정을 할지 알 수 없습니다.

두 번째, 1951년 9월 체결된 샌프란시스코 강화 조약을 통해 밝힌 일본에서 제외된 영토에 독도가 명기되지 않은 것에 대한 해석을 두고 문제가 발생할

국제사법재판소에서 다루어진 국제 분쟁의 판결 사례

사건(판결 연도)	분쟁 당사국	승소국	판결 요건	재판소
팔마스섬 (1928년)	미국, 네덜란드	네덜란드	실효적 지배 – 동인도 회사를 통해 실효 점유	상설 국제재판소
동그린란드 (1933년)	덴마크, 노르웨이	덴마크	실효적 지배 – 200년간 독점적 사업권 등 주권 행사	
멩키에 에크레오 제도 (1953년)	영국, 프랑스	영국	실효적 지배 – 법적·행정적 주권 행사 주장 입증	국제 사법재판소
프레아 비헤아르 사원 (1962년)	캄보디아, 태국	캄보디아	실효적 지배 부당성 – 태국이 지도 오류를 확인 미흡	
리기탄·시파단섬 (2005년)	말레이시아, 인도네시아	말레이시아	실효적 지배 – 등대 설치, 영토 보호에 관한 행정·사법 조치	
페드라브랑카섬 (2008년)	말레이시아, 싱가포르	싱가포르	실효적 지배 – 등대 설치, 군사 통신 시설 설치	

수 있습니다. 우리나라는 포츠담 선언과 카이로 선언에서 이미 우리 영토임을 인정한 것과 다름없다고 주장하고 있으며, 전쟁 이후 일본의 문서에도 독도를 영토로 기록하지 않았다는 증거가 있었습니다. 1951년 일본의 '대장성령'이라는 법령에는 일본이 제2차 세계대전에서 패배한 후 공제 조합에서 연금을 받는 사람의 범위를 정하였는데, 제4조를 보면 부속 도서의 범위에서 '치사마 열도, 하보마이 군도 및 시코탄섬, 울릉도, 독도 및 제주도' 등은 그 대상에서 제외되었다는 점입니다. 1960년에 시행된 '대장성령 43호'와 1968년 시행된 '대장성령 37호'에도 제외되어 있습니다. 하지만 일본도 우리나라를 불편하게 할 만한 자료를 준비하고 있을지 모릅니다.

세 번째, 1952년 1월 이승만 라인으로 시작된 독도의 실효적 지배에 대해 우리나라는 그 정당성을 주장하고 있습니다. 하지만 일본은 한국에서 일방적으로 선언한 것이기 때문에 정당성이 없다고 주장하고 있습니다. 국제 사회는 우리가 생각하는 것처럼 호의적이지 않습니다. 그래서 우리에게 어떤 결과를 가져다줄지 알 수 없습니다. 따라서 대부분 국제법 학자들은 일본의 국제사법재판소 제소에 응하지 않은 것이 바람직하다고 말하고 있습니다. 그들이 주장하는 '법과 대화를 통한 해결을 지향하며'라는 문구는 우리나라가 적법한 절차를 지키지 않고, 대화를 통해 평화적으로 해결할 의사가 없는 것처럼 포장하여 분쟁의 씨앗을 만들려는 것입니다. 그리고 앞의 사례에서 살펴보았듯이, 국제사법재판소의 판결은 어떤 결과를 가져올지 알 수 없습니다.

제10장

독도 알림이와 독도 지킴이

독도의 날 그리고 독도 알림이

2005년 3월 16일 일본 시마네현은 100년 전인 1905년 2월 22일 독도를 편입, 고시한 것을 기념하기 위해 '다케시마의 날'을 지정하였습니다. 기념한다는 고시는 관보에 실린 적도 없는 '시마네현 고시 제40호'입니다. 독도는 이때부터 일본으로 편입되었고, 일본의 어부들은 아무런 제약 없이 독도 주변에서 무지막지하게 강치를 잡아들였습니다. 이 때문에 1920년 이후 독도에서 강치를 볼 수 없게 되었습니다. 독도를 정말 소중한 자신들의 땅이라고 생각했다면 이런 행동을 했을까요? 무자비한 모습을 감춘 채로 일본 시마네현이 '다케시마의 날'을 지정한 것은 쿠릴 열도의 '북방 영토 반환 운동'과 더불어 현의 위상을 높이고자 한 것입니다. 이와 같은 기념일 지정에서 더 나아간 일본은 일본의 역사와 지리 교과서 등에 독도의 영유권을 노골적으로 표시하고 있는 상황입니다.

그러나 이미 2000년에 우리나라의 독도수호대가 '대한 제국 칙령 제41호'의 제정일인 1900년 10월 25일을 기념하여 같은 날을 '독도의 날'로 제정하고, 독도의 날 행사를 진행하고 있습니다. 이후 2005년 일본 시마네현이 '다케시마의 날'을 지정함에 따라 경상북도 의회는 10월을 '독도의 달'로 제정하였습니다. 현재 독도의 날은 법령이나 조례로 지정되어 있는 기념일이 아닙니다. 그런데 국가 기념일로 지정하자고 하는 주장과 지정하지 말자는 주장이 엇갈리고 있습니다. 독도의 날을 국가 기념일로 만들면 오히려 독도를 국제적 분쟁

주목할 만한 독도 광고

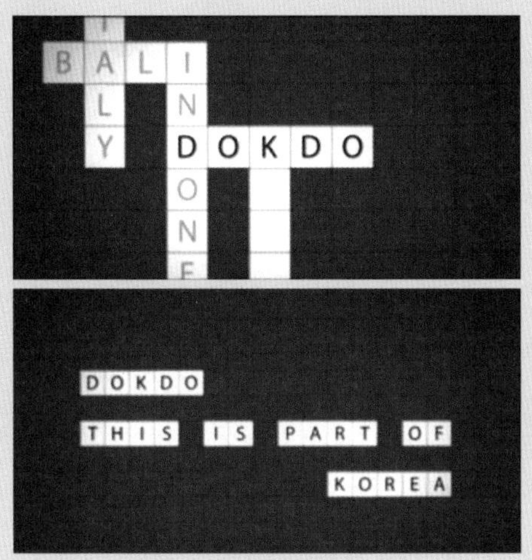

2010년 뉴욕 타임스 스퀘어 CNN 광고판에 나온 독도

2008년 『뉴욕 타임스』에 실린 독도 광고

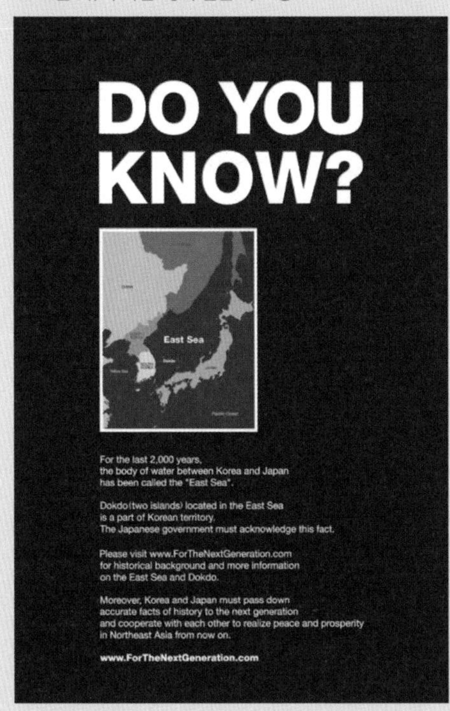

당신은 알고 있나요?

지난 2000년 동안 한국과 일본 사이의 바다는 동해로 불려 왔습니다. 동해에 위치한 독도(2개의 섬으로 이뤄진)는 한국의 영토이며, 일본 정부는 이 사실을 인정해야 합니다. 동해와 독도의 역사적 배경과 정보에 대해 알고 싶다면 'www.ForTheNextGeneration.com'을 방문해 주세요. 한국과 일본은 다음 세대에게 정확한 역사적 사실을 물려줘야 하고, 지금부터 동북아시아의 평화와 번영을 위해 함께 노력해 나가야 합니다.

지역으로 만드는 데 빌미를 제공할 수도 있다는 이유 때문입니다.

신중한 판단이 필요한 가운데 2010년 뉴욕 타임스 스퀘어의 CNN 광고판에 등장한 한 편의 광고가 사람들의 시선을 사로잡았습니다. 이 광고의 주인공은 패션 상품이나 자동차 등 국제적 기업의 어떤 제품이 아닌 '독도'였습니다.

2011년 소개된
코리아컵 요트 대회 광고에 등장한 독도

30초 분량의 이 광고는 가로세로 낱말 퍼즐의 한 칸을 독도가 채웁니다. 독도는 한국의 일부라는 뜻의 "Dokdo is part of Korea"라는 문구와 함께 동해에 위치한 독도를 보여 줍니다. 이 광고는 삼일절을 기념하고 독도를 알리기 위해 제작되어 1년 동안 하루 48회 뉴욕 중심에서 세계인들을 만났습니다.

그런데 이 광고가 독도의 첫 광고는 아닙니다. 2005년부터 미국의 유력 일간지인 『뉴욕 타임스』와 『워싱턴 포스트』에 동해와 독도를 알리는 전면 광고를 실어 왔습니다. 2008년에는 『뉴욕 타임스』에 "Do You Know?(당신은 알고 있나요?)"라는 제목으로 동해와 독도를 알리는 광고를 실었습니다.

2011년 『월 스트리트 저널』에는 독도를 배경으로 한 '제4회 코리아컵 요트 대회'의 광고가 실렸습니다. 포항과 울릉도를 거쳐 독도를 돌아 다시 포항으로 돌아오는 이 요트 대회의 개최지를 'East Sea(동해)'로 표기하여 전 세계에 동해와 독도를 알리는 효과를 보았습니다.

독도를 알리고 지키려는 노력은 다양한 방식으로 나타나고 있습니다. 그중 하나는 독도를 기업의 광고 아이템으로 활용하는 것입니다. 기업 마케팅 효과와 더불어 공익적인 성격을 함께 부각시킬 수 있기 때문에 광고계의 블루칩으로 자리 잡고 있습니다. 특히 10월이 되면, 기업들은 독도의 날을 기념하는 동시에 소비자들에게 기업의 이미지를 높일 수 있기 때문에 다양한 독도 마케팅 활동을 펼칩니다.

사이버농협독도 홈페이지 메인 화면과 독도해저도시
(출처: 사이버농협독도 홈페이지)

독도와 기업을 함께 홍보하고 있는 대표 기업에는 NH농협이 있습니다. 우리 영토의 중요성을 확산시키자는 취지를 담아 '사이버농협독도'라는 독도 홍보 웹 사이트를 제작하여 운영하고 있습니다. 온라인상의 공간을 통해 독도를 활성화하고자 '환동해독도아카데미', '독도박물관', '토론광장', '독도쉼터', '독도은행' 등을 제작하고, 독도해저도시와 나의 집 만들기라는 온라인 게임도 제공하고 있습니다. 독도해저도시 페이지는 독도은행, 독도시청 등 홈페이지의 카테고리를 이용하여 독도의 가상 현실을 만들어 운영하고 있습니다. 나의 집 만들기 게임은 자료를 등록하거나 토론, 댓글 등 사이버농협독도 홈페이지에 참여하여 획득한 독도 활동 점수를 사용해 나만의 독도 공간을 만드는 서비스입니다. 이와 같은 활동은 온라인상에서뿐만 아니라 '독도 문화 체험'이라는 행사를 통해 매년 여름 원정대를 모집하고 체험 활동을 진행합니다.

❶ 광고에 등장한 독도 대림 건설,
❷ 내비게이션 업체 맵퍼스의 지도 화면,
❸ G마켓의 뉴욕 타임스 우리 독도 광고 공모전 진행

NH농협이 독도와 연계한 방식과는 다르게 독도를 광고에 이용한 경우도 있습니다. 대림 건설은 아파트 광고에 독도를 지키고 있는 로보트 태권브이를 등장시켰습니다.

내비게이션 소프트웨어 업체인 맵퍼스는 자사 전자 지도 '아틀란 3D v3'에 독도의 지형과 바위를 구현한 후, 독도 헬기 착륙장과 선착장, 등대 등의 3D 그래픽을 화면에 담았습니다.

온라인 쇼핑몰인 G마켓에서 '아름다운 우리 땅 독도! 대한민국 독도를 세계에 널리 알리자.'라는 주제로 광고 공모전을 진행하였고, '우리 독도 응원하기' 캠페인을 통해 기부금을 모아 독도 경비대원 생필품 지원 등 독도를 응원하는 사업을 진행하였습니다.

매년 기업들은 독도의 날이 가까워지면 독도를 활용한 마케팅 상품을 내놓습니다. 독도 사진과 독도의 위도와 경도를 새겨 넣은 바람막이를 출시하고, 독도강치인형, 독도 크루삭스, 독도 소주잔 등 독도 굿즈를 제작해 판매하였습니다. 다양한 형태의 팝업 행사를 개최하고, 비보이팀과 함께 협력해 유튜브 영상도 선보였습니다. 울릉도 해양심층수 미네랄을 넣어 만든 소주와 수제맥주는 젊은 세대들에게 큰 인기를 얻었습니다.

전라남도와 대구광역시 등은 원어민교사 대상 독도 탐방 및 홍보 연수를 진행하였습니다. 독도의 지리와 역사 탐방을 통해 다국적의 원어민들이 독도의 가치를 배우고 교육에도 적용할 수 있도록 하였습니다.

2024년부터 경상북도교육청은 독도 관련 주요 기념일과 각종 행사 등을 담은 독도 교육 달력을 제작하였습니다. 일상생활 속에서 모두가 독도를 배우고 독도 사랑을 실천할 수 있도록 하였습니다.

기업들뿐만 아니라 교육 기관에서도 다양한 독도 캠페인 활동에 앞장서고 있습니다. 전라남도와 대구광역시 등은 원어민교사 대상 독도 탐방 및 홍보 연수를 진행하였습니다. 독도의 지리와 역사 탐방을 통해 다국적의 원어민들이 독도의 가치를 배우고 교육에도 적용할 수 있도록 하였습니다.

2024년부터 경상북도교육청은 독도 관련 주요 기념일과 각종 행사 등을 담은 독도 교육 달력을 제작하였습니다. 일상생활 속에서 모두가 독도를 배우고 독도 사랑을 실천할 수 있도록 하였습니다.

독도 알림이, 독도 지킴이는 누구나 될 수 있다는 것을 보여 준 우리나라 대학생들이 있습니다. 학생들이 만든 독도 광고는 우리나라뿐만 아니라 해외에서도 큰 인기를 끌었습니다. 이 광고는 서울과 경인 지역 대학생 연합 광고 동아리인 애드파워(ADPOWER)의 학생들이 제작한 것입니다.

학생들이 제작한 독도 광고의 주제는 '점'입니다. 첫 번째 등장하는 인물은 메릴린 먼로입니다. 메릴린 먼로의 상징은 얼굴 오른쪽에 있는 점입니다. 두 번째 등장한 인물은 체 게바라입니다. 체 게바라의 상징은 그가 쓴 모자의 별입니다. 마지막으로 등장하는 것이 북극성처럼 대한민국을 완성하는 점 독도

대학생 광고 연합 동아리 애드파워의 학생들이 제작한 독도 광고(출처: 애드파워)

입니다.

이 광고가 인터넷을 통해 알려지면서 엄청나게 많은 조회 수를 올렸고, 독도의 날을 맞아 워싱턴대학교와 미네소타대학교에까지도 전시되었습니다. 대학생들의 젊고 순수한 열정이 독도를 세계에 알린 것입니다.

2013년 서울여자대학교 미디어콘텐츠학과 학생 다섯 명이 독도를 알리기 위해 만든 독도 인포그래픽스(정보, 자료 또는 지식을 구체적이고 실용적으로 전달할 뿐만 아니라, 보기 쉽게 시각적으로 표현하는 디자인 방법) 영상 '독도 아리랑(Dokdo Arirang)'이 큰 인기를 얻었습니다.

서울여자대학교 인포그래픽스 영상
'독도 아리랑(Dokdo Arirang, 유튜브)'

5분 길이의 독도 인포그래픽스 영상은 '천연기념물 336호'라는 말로 시작을 엽니다. 그리고 독도의 자연 및 인문 환경을 간단명료하게 보여 주고, '나는 독도입니다. 나는 한국의 땅 독도입니다.'라고 소개하며 독도의 역사와 분쟁 이야기를 들려줍니다. '지금 독도에게 필요한 것은 바로, 우리의 관심입니다.'로 마무리되는 이 짧은 영상은 독도의 환경과 독도 문제에 대해 일목

독도 플래시몹

요연하게 정리해 주고 영어 자막을 제공하고 있어, 우리나라 사람들뿐만 아니라 세계인들이 함께 봐도 독도와 독도 문제를 쉽게 이해할 수 있습니다. 독도를 알리고 싶어 하는 마음과 독도에 대한 관심을 높이려는 노력이 빛나는 것 같습니다.

2022년 사이버 외교 사절단 반크는 '글로벌 울릉도 독도 홍보대사' 프로젝트를 진행하였습니다. 반크에서 제작한 홍보 디지털 콘텐츠를 SNS에 올리면서 #울릉도독도홍보대사 해시태그도 함께 올리는 캠페인입니다. K-콘텐츠의 인기와 함께 우리나라에 대한 세계인들의 관심이 커진 만큼 SNS에 간단히 해시태그를 하는 것만으로도 큰 효과를 얻고 있습니다.

광고와 영상을 만들어 독도를 알리려고 노력하는 사람들 외에 독도에 대한 애정을 유감없이 드러내는 유명 인사들도 있습니다. 그중 가수 김장훈은 독도 지킴이를 자처하며, 독도 아트쇼, 독도 플래시몹(불특정한 다수의 사람들이 이메일이나 휴대 전화 등을 통해 약속된 시간과 장소에 모여, 짧은 시간 동안 율동이나 놀이 등의 행동을 하고 사라지는 활동) 등 다양한 독도 홍보 활동을 해 왔습니다. 평소 기부를 많이 하는 연예인이기도 한 그는 독도 광고에도 많은 금액을 기부하였습니다. 한국 홍보 전문가 서경덕 교수 역시 독도 알림이로서 활발하게 활동하고 있습니다. 또 한 명의 독도 알림이는 일본에서 태어나 2003년에 한국인으로 귀화한 일본계 독도 전문가 호사카 유지 교수로, 독도 관련 교육을 통해서 국민들이 독도 문제를 논리적으로 대할 수 있도록 하는 일에도 많은 관심을 가지고 있습니다.

우리 모두가 가수 김장훈, 서경덕 교수, 호사카 유지 교수처럼 해야 하는 것은 아닙니다. 사람들마다 자신이 있는 곳에서 자신의 역할에 최선을 다하는 것이 가장 바람직한 국토 사랑입니다.

부록

1. 초·중·고 독도 교육 내용 체계

2. 독도 여행 일정표 세우기

3. 독도 관련 영상물

4. 진로별 독도 활동 사례

1. 초·중·고 독도 교육 내용 체계

1. 독도 교육의 목적

독도가 역사적, 지리적, 국제법적으로 우리 영토인 근거를 정확하고 체계적으로 이해함으로써 우리 영토에 대한 올바른 수호 의지를 갖추고 미래 지향적인 한일 관계에 적합한 민주 시민 의식을 함양한다.

2. 독도 교육의 목표

독도에 대한 이해와 역사적 연원을 살펴봄으로써 독도에 대한 관심과 애정을 갖고 독도가 역사적, 지리적, 국제법적으로 우리 영토인 근거를 정확하고 체계적으로 이해한다.

3. 학교급별 독도 교육의 목표

가. 초등학교 독도 교육의 목표

독도의 자연환경과 지리적 특성을 중심으로 공부함으로써 독도의 중요성을 알고 독도에 대한 관심과 애정을 갖는다.

① 독도의 자연환경 및 지리적 특성에 대한 기본적 이해

② 독도의 중요성과 독도의 역사적, 환경적, 정치·군사적, 경제적 가치 이해

③ 독도에 대한 지속적인 관심 갖기의 의미와 방안 탐색

나. 중학교 독도 교육의 목표

독도가 역사적, 지리적, 국제법적으로 우리 영토인 근거를 정확하고 체계적으로 이해하고 객관적, 논리적으로 설명할 수 있다.

① 독도의 역사와 관련된 지도 및 문헌에 대한 이해

② 독도에 대한 일본의 침탈 과정과 일본 주장의 허구성 파악

③ 독도 영유권에 대한 객관적이고 논리적인 주장 능력 신장

④ 우리 땅 독도 알리기 활동의 의미와 효과적인 참여 방안 탐색

다. 고등학교 독도 교육의 목표

독도 수호의 의지를 갖추고 미래 지향적인 한일 관계에 적합한 영토관과 역사관을 확

립한다.

① 독도가 우리나라에서 갖는 역사·지리적 및 정치·군사적, 경제적 의미 파악

② 독도 수호 활동의 현황 파악과 적극적인 참여 방안 모색

③ 미래 지향적인 한일 협력 관계 구축을 위한 활동 방안 모색

4. 내용 체계

분류	학습 내용	내용 요소	초등학교	중학교	고등학교
지명의 변화	지명의 유래	돌섬(석도)	돌섬(석도)		
		독섬	독섬		
	독도의 옛 이름	우산도	우산도		
		자산도	자산도		
		삼봉도	삼봉도		
		가지도	가지도		
	독도의 명칭(외국)	리앙쿠르(프)	리앙쿠르(프)		
		다케시마(일)	다케시마(일)		
독도 수호 자료	우리나라의 독도 관련 문헌	삼국사기(512)	삼국사기(512)	삼국사기(512)	
		세종실록지리지(1454)	세종실록지리지(1454)	세종실록지리지(1454)	
		신증동국여지승람(1530)		신증동국여지승람(1530)	신증동국여지승람(1530)
		정상기의 동국전도(18세기 초)			정상기의 동국전도(18세기 초)
		만기요람(1808)			만기요람(1808)
		조선전도(1846)		조선전도(1846)	조선전도(1846)
		해좌전도(19세기 중)		해좌전도(19세기 중)	해좌전도(19세기 중)
		이규원 검찰사 울릉도 개발 건의(1882)			이규원 검찰사 울릉도 개발 건의(1882)
		대한제국 칙령 제41호(1900)	대한제국 칙령 제41호(1900)	대한제국 칙령 제41호(1900)	
		일본의 독도 침탈(1905)	일본의 독도 침탈(1905)	일본의 독도 침탈(1905)	
		연합국 최고사령관 각서(1946)		연합국 최고사령관 각서(1946)	연합국 최고사령관 각서(1946)
		평화선 선언(1952)	평화선 선언(1952)	평화선 선언(1952)	

분류	학습 내용	내용 요소	초등학교	중학교	고등학교
독도 수호 자료	일본의 독도 관련 문헌(한국 영토 표기)	인슈시청합기(1667)		인슈시청합기(1667)	인슈시청합기(1667)
		안용복 조사보고서(1696)		안용복 조사보고서(1696)	안용복 조사보고서(1696)
		'울릉도 쟁계(죽도 일건)' 관련 사료		'울릉도 쟁계(죽도 일건)' 관련 사료	'울릉도 쟁계(죽도 일건)' 관련 사료
		삼국접양도(1785)		삼국접양도(1785)	삼국접양도(1785)
		조선국교제시말내탐서(1870)		조선국교제시말내탐서(1870)	조선국교제시말내탐서(1870)
		조선동해안도(1876)		조선동해안도(1876)	조선동해안도(1876)
		태정관 지령(1877)		태정관 지령(1877)	태정관 지령(1877)
		일·러전쟁실기의 한국전도(1905)		일·러전쟁실기의 한국전도(1905)	일·러전쟁실기의 한국전도(1905)
	독도를 지킨 인물들	이사부	이사부	이사부	
		안용복	안용복	안용복	
		심흥택		심흥택	
		독도의용수비대	독도의용수비대	독도의용수비대	
일본의 영유권 주장 내용과 대응	일본의 영유권 주장 내용과 대응	시마네현 고시 제40호(1905)	시마네현 고시 제40호(1905)	시마네현 고시 제40호(1905)	
		'죽도의 날' 지정(2005)	'죽도의 날' 지정(2005)	'죽도의 날' 지정(2005)	
		일본 외무성 '죽도 홍보 팸플릿'에 대한 대응		일본 외무성 '죽도 홍보 팸플릿'에 대한 대응	일본 외무성 '죽도 홍보 팸플릿'에 대한 대응
실효적 지배	경찰청 독도 경비대	경찰청 독도 경비대의 파견 과정과 배경	경찰청 독도 경비대의 파견	경찰청 독도 경비대의 파견 과정과 배경	
	시설물	등대	등대		
		독도 주민 숙소	독도 주민 숙소		
	천연기념물	천연기념물(제336호) 지정	천연기념물(제336호) 지정		
	특정도서	특정도서(제1호) 지정		특정도서(제1호) 지정	
	독도를 지키기 위한 활동	정부와 지방자치단체의 활동	정부와 지방자치단체의 활동	정부와 지방자치단체의 활동	정부와 지방자치단체의 활동
		시민운동의 내용과 참여 방안	시민운동의 내용과 참여 방안	시민운동의 내용과 참여 방안	시민운동의 내용과 참여 방안
위치	행정구역	독도의 주소	독도의 주소		

분류	학습 내용	내용 요소	초등학교	중학교	고등학교
위치	수리적 위치	독도의 경위도 확인하기	독도의 경위도 확인하기		
	지리적 위치	지도, 지구본, 구글맵 등에서 찾아보기	지도, 지구본, 구글맵 등에서 찾아보기		
		울릉도와 오키섬으로부터의 거리 비교	울릉도와 오키섬으로부터의 거리 비교		
		울릉도와 독도로 가는 방법	울릉도와 독도로 가는 방법		
영역	영토, 영해와 배타적 경제 수역	영토	영토	영토	
		영해	영해	영해	
		배타적 경제 수역(EEZ)		배타적 경제 수역(EEZ)	배타적 경제 수역(EEZ)
생활	독도와 한반도 관계	독도와 한반도 본토의 관계		독도와 한반도 본토의 관계	독도와 한반도 본토의 관계
		독도와 울릉도의 관계	독도와 울릉도의 관계	독도와 울릉도의 관계	
		독도와 일본의 관계			독도와 일본의 관계
지형	모양	사진(위성사진 포함), 모식도 등을 통한 모형 파악	사진(위성사진 포함), 모식도 등을 통한 모형 파악		
		해저 지형(해저 분지, 해산)	해저 지형(해저 분지, 해산)		
	지형 형성 과정	모식도, 3D 시뮬레이션 등을 통한 형성 과정 이해	모식도, 3D 시뮬레이션 등을 통한 형성 과정 이해		
기후	기온과 강수	울릉도와 독도의 연중 기온 강수 그래프	울릉도와 독도의 연중 기온 강수 그래프		
	안개	안개 일수	안개 일수		
생태	동물	괭이갈매기	괭이갈매기		
		바다사자	바다사자		
	식물	해국	해국		
		사철나무	사철나무		
자원	수산자원	해류	해류		
		어장	어장		
	지하자원	해양 심층수	해양 심층수		
		가스 하이드레이트	가스 하이드레이트		
계			45	33	21

5. 독도 교육 내용 체계의 활용 방향

가. 국가 수준 교육과정(총론 및 교과 교육과정) 및 시·도 교육청 교육과정 편성·운영 지침 개발 시 각 학교급별, 학년별 독도 교육 내용의 성취 기준과 목표를 제시할 때 독도 교육 내용 체계를 바탕으로 한다.

나. 독도 교육 내용 체계를 토대로 하여 교육과정에 제시한 독도 교육 내용을 학년별, 과목별 특성에 적합하게 내용 요소를 선정하여 교과서를 구성한다. 다만, 독도 교육 내용 체계표가 학습 내용 요소의 제시이기 때문에 초·중·고에서 동일한 내용 요소가 있더라도 학교급별 내용의 수준을 달리하고, 내용 요소가 구체적으로 제시되어 있지 않더라도 전 학교급의 내용이 토대가 되어 상위 학교급 내용이 구성되어야 한다.

다. 단위 학교에서 정규 수업 및 계기 수업이나 창의적 체험 활동 지도 시 독도 교육 내용 체계를 바탕으로 지도 계획을 수립한다.

라. 독도 교육 내용 체계에 따라 다양한 교수·학습 자료가 제작되고 보급되어야 한다.

① 각 학교급에 적합한 내용 요소를 중심으로 하되, 해당 과목의 특성에 맞는 내용을 선정하여 다양한 교수·학습 활동이 가능하도록 제작한다.

② 교수·학습 자료는 독도 관련 단체 등에서 제공하는 다양한 자료를 바탕으로 제작하되, 학교급별 특성에 맞도록 수정·보완한다.

마. 독도 관련 내용의 단순한 암기가 아니라 활동 중심의 교수·학습 방법을 활용함으로써 학생들이 독도에 대한 애정과 수호 의지를 갖도록 지도한다.

바. 독도 교육 내용 체계에서 제시한 독도 교육 목표의 도달 여부를 평가할 수 있도록 한다.

① 단순하게 독도 관련 사실을 묻는 평가를 지양하고 독도 학습을 통해 습득하고자 하는 탐구력, 비판력 등의 고등 사고력과 국토에 대한 애정과 수호 의지를 갖고 실천하도록 하는 태도를 평가할 수 있도록 평가 문항을 제작한다.

2. 독도 여행 일정표 세우기

일반적으로 '울릉도–독도 체험 활동' 일정은 '1박 2일'부터 '3박 4일'까지 진행된다.

1. 학급별이나 동아리별로 체험 활동 일정을 세워보도록 하자. 모둠별로 체험 활동을 하는 동안 안전사고 문제가 발생하지 않도록 고려하여 다 함께 갈 수 있는 코스로 계획을 세우는 것이 좋다.

2. 지도해 주실 전문가와 함께할 수 있는 경우, 울릉도에서는 모둠별로 체험 활동 지역을 달리하는 것도 좋은 체험 활동 방법이다.

◎1박 2일 체험 활동

1. 주제 우리 땅 독도 1박 2일 체험 활동 – 지속 가능한 독도 프로젝트

2. 추천 코스

1) 수도권 코스 : 묵호항 / 강릉항 이용
- 1일차 : 묵호 / 강릉 ···› 울릉도 중식 ···› 독도 탐방 ···› 석식 ···› 자유 탐방 시간 ···› 1박
- 2일차 : 조식 ···› 독도박물관 ···› 중식 후 행남등대 및 행남해안산책로 탐방 ···› 묵호(강릉)

2) 영남, 전라권 코스 : 포항항 / 후포항 이용
- 1일차 : 포항 ···› 울릉도 중식 ···› 독도박물관 ···› 석식 ···› 자유 탐방 시간 ···› 1박
- 2일차 : 조식 ···› 독도 탐방 ···› 중식 ···› 행남등대, 둘레길 및 해안산책로 탐방 ···› 포항

3) 울릉군청 추천 코스(https://www.ulleung.go.kr)
– 관광지 분위기를 느낄 수 있는 활동적인 여행

– 자연과 함께하는 생태체험

– 독도와 함께하는 애국심 고취여행

3. 체험 내용　독도 및 울릉도의 자연환경(지형 및 지질, 생태계 등), 인문 환경(거주지, 거주민, 주민 생활 등) 체험, 독도박물관(독도의 역사 및 자연 환경 교육) 체험

4. 인원　학급별 / 동아리별 기준 인원(10~40명 정도)

5. 준비 및 유의 사항

1) 사전 안전 교육 내용을 항상 숙지하고 지켜야 함

2) 일정에 따라 시간을 철저히 준수해야 함

3) 사전 활동을 통해 주요 체험 지역을 조사해야 함

4) 자유 시간 동안 안전사고에 유의해야 함

5) 체험 내용은 글, 사진, 영상 등의 자료로 남겨야 함

6) 독도 체험 활동은 30분간 진행되기 때문에 사전에 준비된 모둠별 주제에 따라 신속하게 움직이고 활동해야 함

7) 모든 일정은 천재지변과 선박 여건에 따라 바뀌거나 취소될 수 있음을 염두에 두어야 함

◎2박 3일 체험 활동

1. 주제　우리 땅 독도 2박 3일 체험 활동 – 지속 가능한 독도 프로젝트

2. 추천 코스

1) 수도권 코스 : 묵호항 / 강릉항 이용

- 1일차 : 묵호 / 강릉 ⋯▸ 울릉도 도착 ⋯▸ 중식 ⋯▸ 섬 일주 육로관광 A코스(4시간, 도동항~사동~통구미~남양~사자바위~투구봉~곰바위~송곳봉~나리분지) ⋯▸ 석식 ⋯▸ 자유일정(행남해안산책로 추천) ⋯▸ 모둠별 토론 활동

- 2일차 : 조식 ⋯▸ 울릉도 출발 ⋯▸ 독도 체험 ⋯▸ 중식 ⋯▸ 섬 일주 육로관광 B코스(2시간 30분, 도동항~봉래폭포~내수전전망대) ⋯▸ 석식 ⋯▸ 자유 일정 ⋯▸ 전체 토론 활동
- 3일차 : 조식 ⋯▸ 도동약수터, 독도박물관, 케이블카 ⋯▸ 울릉도 출발 ⋯▸ 묵호 / 강릉

2) 영남, 전라권 코스 : 포항항 / 후포항 이용

- 1일차 : 포항 / 후포항 출발 ⋯▸ 울릉도 도착(12:50) ⋯▸ 중식 ⋯▸ 섬 일주 육로관광 A코스(4시간, 도동항~사동~통구미~남양~사자바위~투구봉~곰바위~송곳봉~나리분지) ⋯▸ 석식 ⋯▸ 자유 일정(행남해안산책로 추천) ⋯▸ 모둠별 토론 활동
- 2일차 : 조식 ⋯▸ 울릉도 출발 ⋯▸ 독도 체험 ⋯▸ 중식 ⋯▸ 섬 일주 육로관광 B코스(2시간 30분, 도동항~봉래폭포~내수전전망대) ⋯▸ 석식 ⋯▸ 자유 일정 ⋯▸ 전체 토론 활동
- 3일차 : 조식 ⋯▸ 도동약수터, 독도박물관, 케이블카 ⋯▸ 울릉도 출발 ⋯▸ 포항 / 후포항 도착

3) 울릉군청 추천 코스(https://www.ulleung.go.kr/tour/page.do?mnu_uid=1673)

– 관광지 분위기를 느낄 수 있는 활동적인 여행

– 자연과 함께하는 생태체험

– 독도와 함께하는 애국심 고취여행

3. 체험 내용 독도 및 울릉도의 자연환경(지형 및 지질, 생태계 등), 인문 환경(거주지, 거주민, 주민 생활 등) 체험, 독도박물관(독도의 역사 및 자연 환경 교육) 체험

4. 인원 학급별 / 동아리별 기준 인원(10~40명 정도)

5. 준비 및 유의 사항

1) 사전 안전 교육 내용을 항상 숙지하고 지켜야 함

2) 일정에 따라 시간을 철저히 준수해야 함

3) 사전 활동을 통해 주요 체험 지역을 조사해야 함

4) 자유 시간 동안 안전사고에 유의해야 함

5) 체험 내용은 글, 사진, 영상 등의 자료로 남겨야 함

6) 독도 체험 활동은 30분간 진행되기 때문에 사전에 준비된 모둠별 주제에 따라 신속하게 움직이고 활동해야 함

7) 모든 일정은 천재지변과 선박 여건에 따라 바뀌거나 취소될 수 있음을 염두에 두어야 함

◎3박 4일 체험 활동

1. 주제 우리땅 독도 3박 4일 체험 활동 – 지속 가능한 독도 프로젝트

2. 추천 코스

1) 수도권 코스 : 묵호항 / 강릉항 이용
- 1일차 : 묵호 / 강릉 ···› 울릉도 도착 ···› 중식 ···› 섬 일주 육로관광 A코스(4시간, 도동항~사동~통구미~남양~사자바위~투구봉~곰바위~송곳봉~나리분지) ···› 석식 ···› 자유 일정(행남해안산책로 추천) ···› 모둠별 토론 활동
- 2일차 : 조식 ···› 울릉도 출발 ···› 독도 체험 ···› 중식 ···› 섬 일주 육로관광 B코스(2시간 30분, 도동항~봉래폭포~내수전전망대) ···› 석식 ···› 자유 일정 ···› 모둠별 토론 활동
- 3일차 : 조식 ···› 섬 일주 해상관광 코스(도동항~사동~통구미~남양~구암~태하~현포~천부~관음도~저동~도동) ···› 중식 ···› 죽도 관광 ···› 석식 ···› 자유 일정 ···› 전체 토론 활동
- 4일차 : 조식 ···› 도동약수터, 독도박물관, 케이블카 ···› 울릉도 출발 ···› 묵호 / 강릉

2) 영남, 전라권 코스 : 포항항 / 후포항 이용
- 1일차 : 포항 / 후포 ···› 울릉도 도착 ···› 중식 ···› 섬 일주 육로관광 A코스(4시간, 도동항~사동~통구미~남양~사자바위~투구봉~곰바위~송곳봉~나리분지) ···› 석식 ···› 자유 일정(행남해안산책로 추천) ···› 모둠별 토론 활동
- 2일차 : 조식 ···› 울릉도 출발 ···› 독도 체험 ···› 중식 ···› 섬 일주 육로관광 B코스(2시간 30분, 도동항~봉래폭포~내수전전망대) ···› 석식 ···› 자유 일정 ···› 모둠별 토론 활동
- 3일차 : 조식 ···› 섬 일주 해상관광 코스(도동항~사동~통구미~남양~구암~태하~현포~천부~관음도 ~저동~도동) ···› 중식 ···› 죽도 관광 ···› 석식 ···› 자유 일정 ···› 전

체 토론 활동

- 4일차 : 조식 ⋯→ 도동약수터, 독도박물관, 케이블카 ⋯→ 울릉도 출발 ⋯→ 포항 / 후포 도착

3) 울릉군청 추천 코스(https://www.ulleung.go.kr/tour/page.do?mnu_uid=1673)
 - 관광지 분위기를 느낄 수 있는 활동적인 여행
 - 자연과 함께하는 생태체험
 - 독도와 함께하는 애국심 고취여행

3. 체험 내용 독도 및 울릉도의 자연환경(지형 및 지질, 생태계 등), 인문 환경(거주지, 거주민, 주민 생활 등) 체험, 독도박물관(독도의 역사 및 자연 환경 교육) 체험

4. 인원 학급별 / 동아리별 기준 인원(10~40명 정도)

5. 준비 및 유의 사항

1) 사전 안전 교육 내용을 항상 숙지하고 지켜야 함
2) 일정에 따라 시간을 철저히 준수해야 함
3) 사전 활동을 통해 주요 체험 지역을 조사해야 함
4) 자유 시간 동안 안전사고에 유의해야 함
5) 체험 내용은 글, 사진, 영상 등의 자료로 남겨야 함
6) 독도 체험 활동은 30분간 진행되기 때문에 사전에 준비된 모둠별 주제에 따라 신속하게 움직이고 활동해야 함
7) 모든 일정은 천재지변과 선박 여건에 따라 바뀌거나 취소될 수 있음을 염두에 두어야 함

독도 2박 3일 여행 일정표

일자	지역	교통	시간	일 정	활동
1일	학교	버스	06:00	항구로 출발	인원 파악, 준비물 파악, 안전사고 예방 교육
	항구		08:00	항구 도착, 조식	인원 파악, 준비물 파악, 안전사고 예방 교육
	울릉도	여객선	09:00	승선 수속 및 승선 출발 / 울릉도 도착	휴식
			13:00	중식	울릉도 지역 특산물
		버스	14:00	섬 일주 육로관광 A코스	답사 및 탐사 활동(각 코스에서 전문가의 안내를 받고, 모둠별로 답사 및 탐사 활동 진행)
			18:00	석식	울릉도 지역 특산물
			19:00	행남해안산책로(도보 왕복 약 1시간 30분 소요)	모둠별 자율 체험 활동
			21:00	토론	모둠별 활동
2일	울릉도		07:00	조식 후 항구로 이동	울릉도 지역 특산물
	독도	여객선	08:30	출발 / 독도 도착	휴식
	독도	여객선	10:30	독도 체험	답사 및 탐사 활동(전문가의 안내를 받음)
	울릉도		14:00	중식	
			15:00	섬 일주 육로관광 B코스	답사 및 탐사 활동(각 코스에서 전문가의 안내를 받고, 모둠별로 답사 및 탐사 활동 진행)
			18:00	석식	울릉도 지역 특산물
			19:00	전체 모임	전체 모임
			21:00	자유 시간	

3일	울릉도		07:00	조식	울릉도 지역 특산물
			09:00	도동약수터, 향토사료관, 독도박물관 체험	답사 및 탐사 활동(각 코스에서 전문가의 안내를 받고, 모둠별로 답사 및 탐사 활동 진행)
			12:00	중식	울릉도 지역 특산물
			14:30	도동항 집결, 인원 파악 후 승선	인원 파악, 준비물 파악, 안전사고 예방 교육
		여객선	15:30	울릉도 출발(도착 항구마다 시간을 다름)	휴식
	항구	버스	18::30	석식/출발	인원 파악, 준비물 파악, 안전사고 예방 교육
	학교	버스	20:00	도착 후 해산	

여객선 출발 시간

- 평일 07:30 (저동항 입도) 1회 운행 시
- 금요일 증편 시 06:00, 15:00(주말의 경우 선택 불가하며 배정으로 진행, 06:00 출발 시 울릉출발 06:30으로 배정)
- 토요일/일요일 증편 시 11:00

1. 강릉

- 매월 시간 변경 · 3시간 소요 · 청소년 약 64,300원, 성인 약 70,500원
- 평일 07:30 (저동항 입도) 1회 운행 시
- 금요일 증편 시 06:00, 15:00 (주말의 경우 선택 불가하며 배정으로 진행, 06:00 출발 시 울릉 출발 06:30으로 배정)
- 토요일/일요일 증편 시 11:00

2. 포항 : 엘도라도 익스프레스호, 뉴씨다오펄, 씨스타1, 씨스타 5 등이 있음.

- 엘도라도익스프레스호: 매일 10시 20분 출발 • 약 2시간 50분 소요 • 청소년 약 73,000원, 성인 약 81,000원
- 씨스타1: 13시 20분 출발 • 2시간 40분 소요 • 청소년 약 32,700원, 성인 65,500원

3. 묵포(동해)

- 평일 8시 10분 출발, 주말 6시 00분, 13시 20분 • 3시간 소요 • 청소년 약 59,100원, 성인 약 65,500원

4. 후포항(울진)

- 매일 08시 15분(겨울 휴항)출발 • 약 4시 30분 소요 • 청소년 약 63,000원, 성인 약 70,000원

3. 독도 관련 영상물

1. 영화

미안하다 독도야 (2008)

2. TV 채널 영상물

KBS

- 과학의 향기 | 독도, 과학적 연구 더 이상 미룰 수 없다 (2006.6.21.)
- 과학카페 | 최초 공개 '독도 심해 탐사' (2009.6.6.)
- 다큐멘터리3일 | 독도로 가는 길목 울릉도 도동항 (2008.8.9.)
- 시간여행 역사속으로 | 독도는 왜 우리 땅인가? (2005.4.13.)
- 역사추적 | 금단의 땅 독도, 하치에몬은 왜 처형당했나 (2009.2.14.)
- 인물현대사 | 독도수호! 그것은 또 다른 전쟁이었다–독도의용수비대 (2005.4.8.)
- 인물현대사 | 역사와 영토를 빼앗길 수 없다–사운 이종학 (2004.9.17.)
- 추적60분 | '다케시마의 날' 제정, 일본은 무엇을 노리나 (2005.3.2.)
- 해피선데이–1박2일 | 재외 동포 특집 (2012.08.05, 2012.08.12.)
- 환경스페셜 | 광복60주년 특별기획 2부작–독도〈제1부 생명의 섬〉 (2005.8.17.)
- 환경스페셜 | 광복60주년 특별기획 2부작–독도〈제2부 해중산의 비밀〉 (2005.8.24.)
- 환경스페셜 | 독도, 바다제비 날개를 잃다 (2008.12.24..)
- KBS걸작다큐멘터리 | 독도는 조선의 영토다 (2013.6.19.)
- KBS스페셜 | 독점 발굴! 독도의 증언 (2012.8.19.)
- KBS환경스페셜/ 동양의 갈라파고스, 독도 30년의 기록 (2022.01.13.)
- KBS환경스페셜2/ 독도 미지의 여행 (2023.01.07.)
- KBS다큐인사이트/ 독도 평전 (2023.12.06.)

SBS

- 그것이 알고 싶다 | 광복절 특집 2부작 독도의 선택 (2008.8.9, 2008.8.16.)
- 뉴스추적 | "한국 땅 아니다" 위기의 독도 (2008.7.30.)
- 설날특집다큐 | 독도는 살아 있다 (2009.1.25.)
- 시사토론 | 독도, 군대 파견해야 하나? (2005.3.23.)

- 특선다큐 | 독도, 생명의 땅 (2009.9.16.)
- 특선다큐 | 독도를 지킨 사람들 (2009.9.9.)

MBC

- 광복절 특집 다큐멘터리 | 아이엠 독도 (2013.8.15.)
- 특선다큐멘터리 | 독도 지킴이 大조선인 안용복(3부작.) (2006.3.7, 3.14, 3.21.)
- 특선다큐멘터리 | 독도의 진실 (2008.7.23.)
- 특선다큐멘터리 | 독도野 (2010.8.15.)
- 포항MBC 특집다큐멘터리/ 독도, 지도의 증언(2017.08.14.)
- 포항MBC 특집다큐멘터리/ 독도의 운명(2018.10.22.)
- 포항MBC 특집다큐멘터리/독도데이터 전쟁(2023.01.31.)

EBS

- 독도 특강 | 독도를 넘보지 마라 (2011.4.15.)
- 지식채널ⓔ | 그들의 논리 (2011.4.11.)
- 지식채널ⓔ | 우편번호 799-805, 1-96번지 (2010.4.19.)
- 지식채널ⓔ | 청산되지 않은 과거 (2008.7.28.)
- 지식채널ⓔ | 현실, 비현실, 바른 길, 어긋난 길 (2006.5.9.)
- EBS 독도 장학 퀴즈 | 우리 땅, 독도 (2012.10.20.)

JTBC

- 차이나는 클라스 | 일본은 왜?(2018.02.21.)

OBS

- 특집 다큐멘터리 | 독도 (2012.03.01.)

TBC

- 특집 다큐멘터리 | 독도, 법정에 서다 (2011.12.18.)

YTN

- YTN 스페셜 | 대한민국 독도, 100년의 시간(2016.08.14)

4. 진로별 독도 활동 사례

1. 광고 기획, 홍보 포스터 제작하기

퍼즐을 이용한 독도 홍보

영문으로 만든 퀴즈 마케팅

독도 광고 중 일부

독도에 대한 무관심을 알리는 마케팅

일본에 금지하는 팔찌를 채운 포스터

독도를 알리는 포스터

2. 독도 문학 작품 만들기

독도, 우리땅

독 독도를 자기 땅이라고 우기는 일본에게
도 도도하게 넌 아니라고 거부하는 우리의 독도.
우 우리 역사의 한 줄기에 우뚝 서서
리 이리저리 일본의 갖은 술수에도 굴하지 않고
땅 땅 속 깊이 바다 속 깊이 영원히 뿌리내린
우리의 독도. 미래의 역사!

독도는 대한민국의 영토
도전하지마! 건들지마!

독도는 일본땅인가요?
도리도리 절레절레, 독도는 대한민국 영토입니다

독: 독하게도 재잘 되더구나, 지기네들 땅이라고.
도: 도저히는 참지 못하겠다.
사: 사명감을 가지고 지킬것이다. 온 세상에 널리 퍼지도록
랑: 낭랑하게 외쳐라 '독도는 우리땅!'

독: 독도를 지키셨던 분들의 노력이
도: 도미노 처럼 무너지지 않도록 우리가 지키겠습

독: 독도를 넘보는 일본!
도: 도를 넘지 마십시오

삼행시 짓기

이다 (사실 우리가 만든 풍력발전기는 3개보다 훨씬 많다)
독도: 어머! 바람의 힘으로 전기를 만드는 풍력발전기 아이들이잖아? 맞아 맞아 우리들의 엄마들이 너희 세쌍둥이가 바람이 많이 부는 나에게서 에너지를 생산하는데 적합하다고 만들었잖아 키득키득 귀여워 죽겠다 헤헤
풍력1: 오빠! 좀 시끄러 나 피곤해 잘거야
풍력2, 3: 나도 하암
독도: 알았어 자, 그럼 우리 엄청나게 매력인 태양광발전기는 뭐하려나?
태양광발전기(이하 태양광): 발전기의 도움없이 태양전지를 이용하여 태양빛을 직접 전기에너지로 변환시키고 있어.
독도: 어... 지금 새벽이라 해 안떴는데. 그럼 명상하거라. 난 이쁜 막내동생보러 갈게 파력방파제
파력방파제: 나 요즘 남자친구 (...) 바라지 하느라 바빠 그니깐 건들지마.
독도: 남자친구라고? 누군데?! 어떤애야?
파력방파제: 내 남자친구는 메탄하이드레이트라고 얼어있는 가스야. 내가 요즘 파도로 우리 메탄하이드레이트 꼬여올리느라 너무 피곤하거든.
독도: 네가 뭐가 부족해서 그런 짓을 해! 너는 파도를 막는 기능뿐만 아니라 [illegible] 다재다능하고 머츳같은 여자잖아.
파력방파제: 메탄하이드레이트는 분해되면 에너지 효율이 아주 높아서 연소 [illegible] 메탄하이드레이트는 온실가스인 이산화탄소를 절반이하로 배출하는 몸으로 파탈적인 상남자라 [illegible]

역할극 대본 만들기

3. 역사, 지형·지질, 생태 및 환경 연구 보고서 작성하기

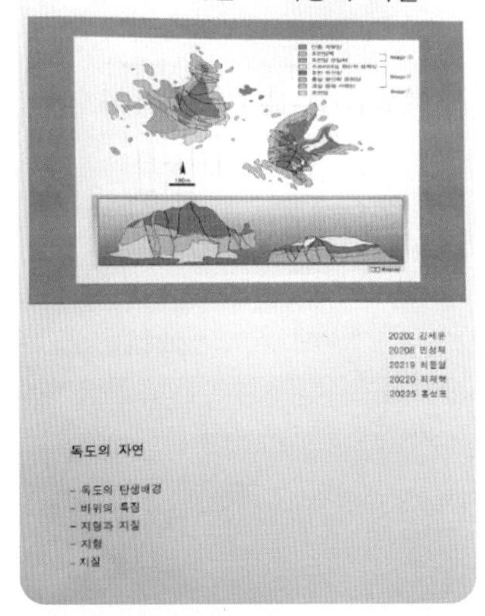

독도의 지형과 지질 조사

독도의 식물 조사

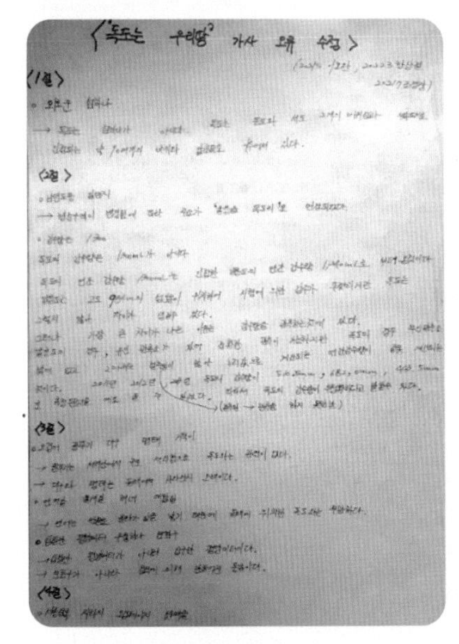

'독도는 우리 땅' 가사 오류 수정

4. 독도 그림 그리기, 노래 만들기, 만화 그리기

8컷 만화 작품

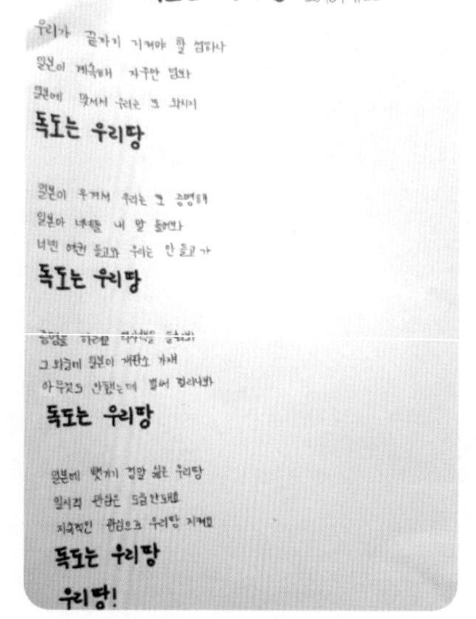

독도를 알리는 작사·작곡 작품

독도 그림 이야기

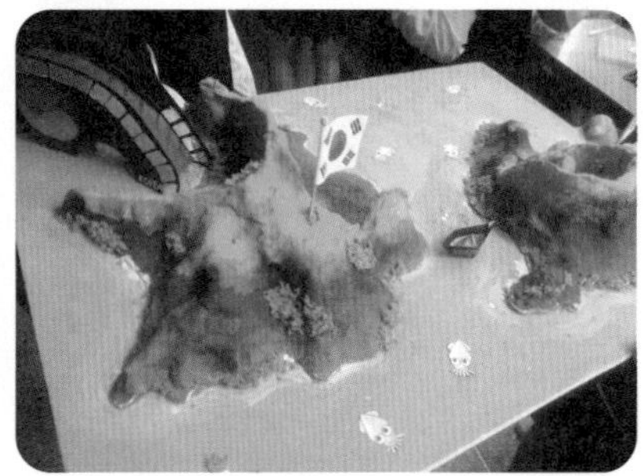

독도 모형 만들기

5. 상품(머그컵, 티셔츠, 게임) 아이디어 및 제작 활동

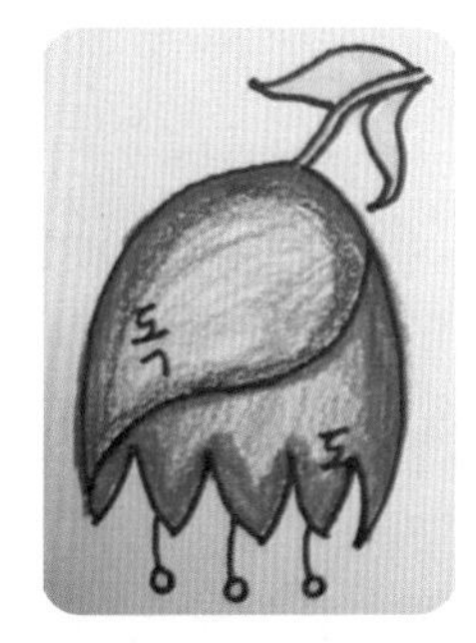

독도 자생 식물 '섬초롱'을 활용한 로고 제작

머그컵 제작

티셔츠 제작

6. 외국어로 독도 홍보 자료 제작하기

ADIVINA QUE?

A que pais
Dokdo pertenece?

COREA S. COREA RepublicanoCorea

Cualquiera que ellas,
esa es la correcta!

Dodko (2 islas) localizado en el
mar este , es una parte del territorio Coreano.
Dodko es la isla más hermosa en Corea.
Ah sido reconocida como Liancount Rocks.
Dodko no es un territorio desputado.
Este siempre Ah pertenecido
a Corea y siempre lo sera.

GUESS WHAT?

Which country
Dokdo belongs to?

KOREA S. KOREA RepublicOfKorea

Whichever you choose,
YOU GOT THAT RIGHT!

Dokdo(two islands) located in the East Sea
is a part of Korean territory.
Dokdo is the most beautiful island in Korea.
It also has been known as Liancourt Rocks.
Dokdo is not a disputed territory.
It has been belonged to Korea and
it will continuously belong to Korea.

7. 국제법상 실효 지배 방법 연구 및 제안 활동

8. 신재생 에너지 발전소 설계 및 제작, 독도 파빌리온 제안하기

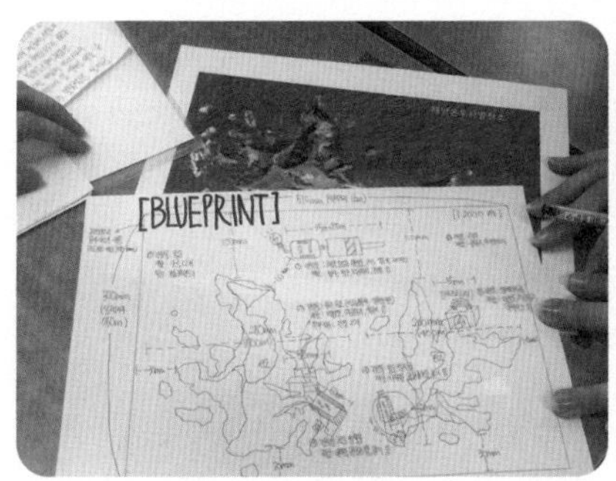

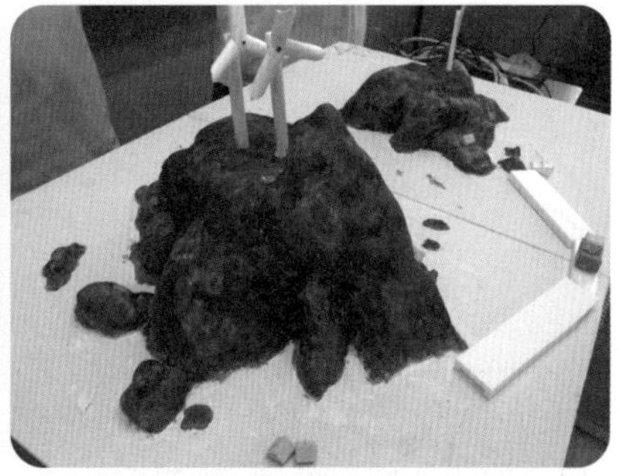

독도 신재생에너지 발전소 제안하기

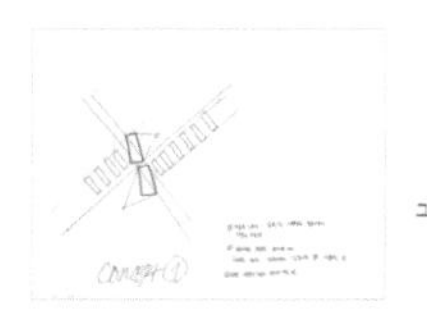

1

시선과 동선의 그곳

결국 파빌리온은 직접 몸으로 느끼는 공간.
지루한 역사적 이야기들은 언제든지 찾아볼 수 있지만,
한국이 독도와 더 가깝다는 지리적 이점을
직접 느끼게 하고 싶었다.
반대의 위치에서 시작되는 둘 블럭들은
그 길이가 서로다르며, 마지막에 다다랐을때 보이는 모습은
둘 다 독도의 형상이 보이겠지만
거울 또는 렌즈를 서로 다르게 두어
같은 위치에 있는 독도모형이라도 상이 다르게 맺히는
효과를 내게 하는 파빌리온.

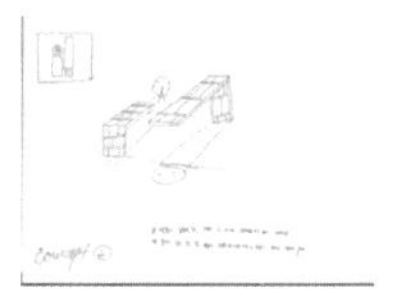

2

그곳으로 가는 길

독도로 가는길.
독도가 소중한 만큼 그 독도를 만나러 가는 길도 소중한 것.
지붕이 있다는 것은 그 아래 지켜야 할 무언가가 있다는 것.
지붕아래에서 가다보면 결국 목적지에 다다르지만
반겨주는 것은 서로 다르다.
짧은 지붕아래에서 보면 푸른 나무 한그루가 보인다.
따뜻함과 푸르름이 반겨주는 것이다.
하지만 긴 지붕 아래에서 보이는것은
그저 흙바닥.
이 파빌리온에서 보이는 서로다른 두 풍경을 통해
과연 세계인들은 어떤 생각을 할까

독도 파빌리온 제안하기

9. 모둠별로 역할극, 토론 활동, 연구 조사, 체험활동 등 다양한 UCC 활동 진행

우리 땅 독도를 소개하는 UCC

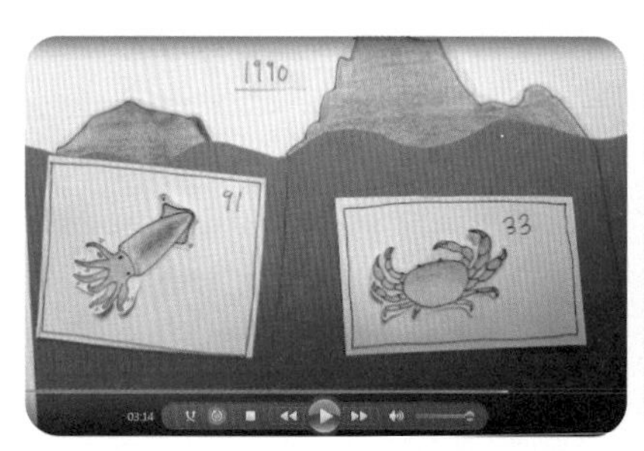

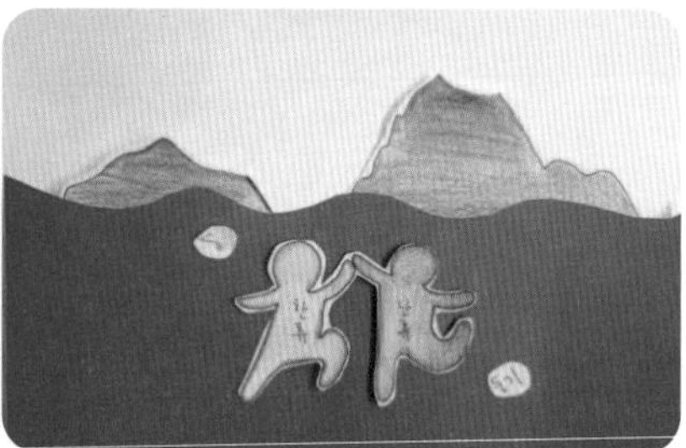

독도의 생태계를 조사한 UCC

10. 모둠별로 게임 아이디어를 내보고, 직접 게임을 제작해 게임을 즐기며 독도를 학습하는 활동

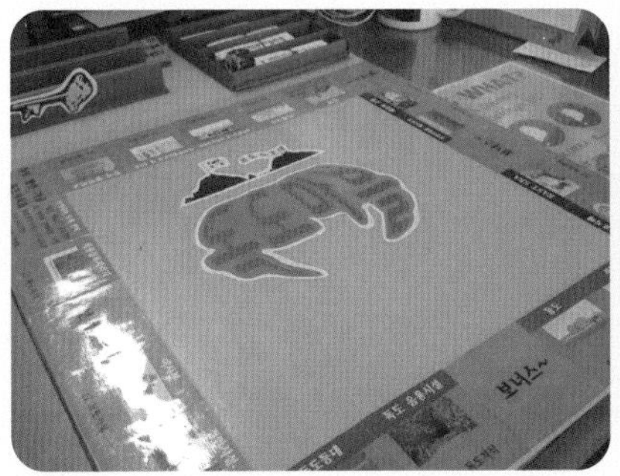

독도 마블 게임

독도 낱말퀴즈

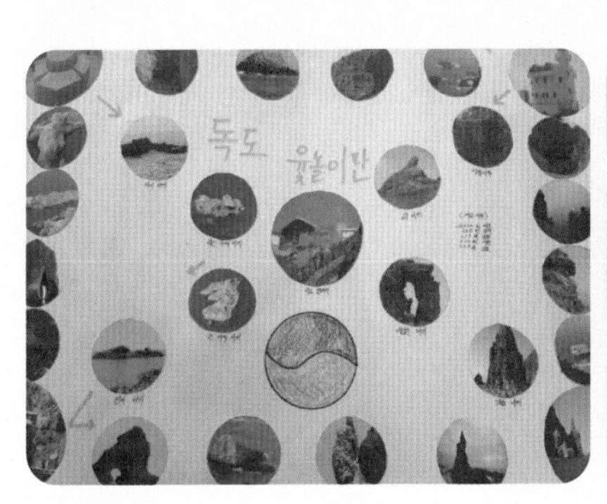

독도 윷놀이

독도 젠가

참고문헌

사진 출처

- 77쪽 | 경북매일신문
- 157쪽 | 동북아역사재단, 영원한 우리 땅 독도
- 159쪽 | 독도 경비대 홈페이지
- 214쪽 | 충청일보
- 217쪽 | 울릉군청 홈페이지
- 257쪽 | 울릉군청 홈페이지

독도 관련 웹사이트

- 경북지방경찰청 독도 경비대 http://dokdo.gbpolice.go.kr
- 경상북도 사이버독도 http://www.dokdo.go.kr
- 국토지리정보원 독도지리넷 http://dokdo.ngii.go.kr/dokdo
- 국토포털(국토지리정보원) http://www.land.go.kr
- 기상청 http://www.kma.go.kr
- 독도·해양영토연구센터 http://www.ilovedokdo.re.kr
- 독도박물관 http://www.dokdomuseum.go.kr
- 독도본부(독도역사찾기운동본부) http://www.dokdocenter.org
- 독도수호대 http://www.tokdo.co.kr
- 독도연구소 http://www.dokdohistory.com
- 독도종합정보시스템 http://www.dokdo.re.kr
- 비상 스마트독도교실 http://www.vivasam.com/dokdo/about.do
- 사이버독도 http://www.cybertokdo.com
- 사이버독도사관학교 http://dokdo.prkorea.com/main.jsp
- 영남대학교 독도연구소 http://dokdo.yu.ac.kr
- 외교부 독도 http://dokdo.mofa.go.kr
- 울릉군 홈페이지 http://www.ulleung.go.kr
- 한국해양과학기술원 http://www.kordi.re.kr

- 한국향토문화전자대전 디지털울릉문화대전 http://ulleung.grandculture.net
- DOKDOINKOREA.COM http://www.dokdoinkorea.com

논문 및 도서

- 김경희, 우리 땅 독도(2012), 과학동아북스.
- 동북아역사재단(2011), 우리 땅 독도를 만나다, 동북아역사재단.
- 동북아역사재단(2011), 초등학생 독도 바로 알기 부록, 동북아역사재단.
- 동북아역사재단(2013), 고등학생용 교수·학습 과정안 및 학습지(독도 부교재 활용), 동북아역사재단.
- 동북아역사재단(2013), 고등학생용 독도 바로 알기, 동북아역사재단.
- 동북아역사재단(2013), 중학생용 영원한 우리 땅 독도, 동북아역사재단.
- 동북아역사재단(2013), 초등학생용 독도 교수·학습 과정안 및 학습지(독도 부교재 활용), 동북아역사재단.
- 동북아역사재단(2013), 초등학생용 독도 바로 알기, 동북아역사재단.
- 예준영(2012), 독도실록 1905, 책밭.
- 윤성한(2013), 초등학교 독도교육의 이해와 실제, 이담북스.
- 이두현(2013), 선생님과 함께하는 국토 체험 1박 2일, 푸른길.
- 이두현(2013), 세상을 보는 다섯 가지 시선, 지성공간.
- 이두현, 김순영, 권미혜 외(2013), 미술관 옆 사회교실, 살림FRIENDS.
- 이두현, 박희두(2011), 중등교육에서 지리교과 교육 활성화 방안 연구, 서원대학교 교육발전 16집.
- 이두현, 박희두(2012), 개정교육과정에 따른 창의적 체험활동 활성화 방안 연구-청소년독도지킴이동아리를 통한 창의적 체험활동 모델을 중심으로, 서원대학교 교육발전 17집.
- 이두현, 박희두(2012), 지리교육에서 융합(STEAM)교육을 적용한 이론적 모형의 연구(G-STEAM 융합 모형 개발 방안과 적용 사례를 중심으로), 서원대학교 교육발전 18집.
- 이두현, 박희두(2014), 정부 기관 기술 중심의 독도 기후 내용 분석, 한국지리학회지 3(2), 97-110.
- 이두현, 박희두(2014), 지리 교과를 기반으로 한 융합인재교육(G-STEAM) 프로그램 개발 및 수업 적용-고등학교 창의적 체험활동을 중심으로, 한국지리환경교육학회지 22(2), 47-64.
- 이두현, 박희두(2015), 프로젝트 기반 학습의 지리학 중심 융합인재교육(G-STEAM) 교수학습 현장 적용-독도 지속가능발전 공간 만들기 프로젝트'를 중심으로-, 한국사진지리학

회지 25(1), 69-92.
- 이두현, 전혜인, 이다은 외(2015), 독도과거대회 한권으로 끝내기, 시대교육.
- 이두현, 서세원, 강제구 외(2013), 속속들이 살펴보는 우리 땅 이야기, 푸른길.
- 이두현, 이용직, 남길수 외(2013), 마인드맵으로 술술 풀어가는 용어사전 지리, 푸른길.
- 이두현, 임선린, 박남범(2014), 중등학교 독도교육의 이해와 실제, 한국학술정보.
- 이두현, 전혜인, 이다은 외(2015), 독도과거대회 한권으로 끝내기, 시대교육.
- 전국사회교과연구회(2011), 독도를 부탁해, 서해문집.
- 정태만(2012), 독도의 진실, 조선뉴스프레스.
- 한봉지(2010), 독도박물관 이야기, 도서출판리젬.
- 호사카 유지(2012), 대한민국 독도교과서, 휴이넘.
- 황선미(2012), 일곱 빛깔 독도 이야기, 조선북스.

스토리텔링 청소년 독도 교과서

초판 1쇄 발행 2015년 4월 27일
2판 1쇄 발행 2024년 6월 10일

지은이 이두현

펴낸이 김선기
펴낸곳 (주)푸른길
출판등록 1996년 4월 12일 제16-1292호
주소 (08377) 서울특별시 구로구 디지털로 33길 48 대륭포스트타워 7차 1008호
전화 02-523-2907, 6942-9570~2
팩스 02-523-2951
이메일 purungilbook@naver.com
홈페이지 www.purungil.co.kr

ISBN 978-89-6291-098-8 03980